우주를 만드는 16가지 방법

우주를 만드는 167가지 방법

제프 엥겔스타인 지음

항성 옮김

양자역학부터 유전, 카오스, 빅뱅까지,
베이킹으로 배우는 과학 수업

$10^{32}K$

동아시아

추천의 글

과학을 알기 위해 망원경과 현미경이 꼭 필요한 것은 아닙니다. 우주 어디서나 같은 과학은 우리 주변의 일상에서도 그 모습을 드러냅니다. 맛있는 쿠키에도 온갖 과학이 담겨 있죠. 이 책은 레시피를 따라 재료를 반죽해 오븐에서 구워 내는 쿠키로 과학을 알려줍니다. 밀가루의 글루텐 성분으로 우주의 암흑 물질을, 초콜릿 칩 쿠키로는 원자 구조와 우주의 팽창을 설명합니다. 생명의 진화는 레시피를 조금씩 바꾸면서 가장 맛있는 쿠키를 만들어 가는 과정에 비유해 알려주죠. 자, 쿠키를 먹으면서 이 책을 읽어보세요. 쿠키 한 조각에도, 오븐 속에도, 온 우주가 담겨 있습니다.

— 김범준, 성균관대학교 물리학과 교수 · 『세상물정의 물리학』 저자

복잡한 과학 개념들을 쿠키를 굽는 친숙한 과정 속에 절묘하게 녹여낸, 놀랍도록 창의적인 과학 교양서입니다. 밀가루, 설탕, 베이킹소다, 초콜릿 칩 같은 음식 재료들이 핵융합, 원자 구조, 양자역학, 진화 같은 과학의 핵심 원리들과 연결되면서, 하나의 요리 레시피처럼 읽힙니다. 하지만 이 책이 진짜 특별한 이유는 흥미로운 비유에 머무르지 않고 과학의 핵심을 정확하고 깊이 있게 짚어낸다는 점입니다. 항성의 맛깔스러운 번역으로 과학의 정밀함, 유쾌한 유머, 주방에서의 생생한 감각이 한데 어우러져 '과학은 어려운 것'이라는 편견을 깨주는, 선물 같은 책입니다.

— 김응빈, 연세대학교 시스템생물학과 교수 · 유튜브 '응생물학' 운영자

CONTENTS

프롤로그 · · · 7

CHAPTER 1
밀가루로 알아보는 암흑 물질 · · · 11

CHAPTER 2
설탕으로 알아보는 핵융합 · · · 20

CHAPTER 3
소금과 베이킹소다로 알아보는 원자 구조 · · · 32

CHAPTER 4
쿠키 파티로 알아보는 쿼크 · · · 45

CHAPTER 5
우유와 쿠키로 알아보는 양자역학 · · · 54

CHAPTER 6
버터와 베이킹 대회로 알아보는 진화 · · · 69

CHAPTER 7
달걀로 알아보는 유전공학 · · · 83

CHAPTER 8
쿠키 장식으로 알아보는 배아 발달 · · · 96

CHAPTER 9
황설탕 3/4컵으로 알아보는 불확실성 · · · 110

CHAPTER 10

제빵과 아이스크림 샌드위치로 알아보는 열역학 ••• 120

CHAPTER 11

반죽으로 알아보는 엔트로피 ••• 133

CHAPTER 12

바닐라로 알아보는 카오스 ••• 142

CHAPTER 13

쿠키 모양 틀로 알아보는 복잡성 ••• 155

CHAPTER 14

건포도 오트밀 쿠키로 알아보는 프랙털 ••• 166

CHAPTER 15

노릇노릇한 색으로 알아보는 외계 행성 ••• 180

CHAPTER 16

초콜릿 칩으로 알아보는 빅뱅 ••• 192

에필로그 ••• 205

감사의 말 ••• 207

추천 도서 ••• 209

프롤로그

여기 초콜릿 칩 쿠키가 있습니다.
크기는 대략 5cm 정도지요.

　그리고 이것은 우리가
사는 은하, 우리은하의
모습입니다.

　지름이 무려 100,000,000,000,000,000,000,000cm나 되는 거대한

크기지요.

둘의 차이가 상상을 초월하지 않나요?

하지만 이 작은 쿠키를 만드는 재료와 과정을 자세히 들여다보면, 아주 작은 원자의 세계부터 거대한 은하단에 이르기까지 우주가 어떻게 움직이는지에 대해 놀라울 정도로 많은 것을 알 수 있습니다.

우리가 알기로는 우주에는 약 1조 개의 은하가 있는데요. 각각의 은하에서는 또 1조 개 정도의 별이 반짝이고 있지요. 따라서 우주 전체에는 10^{24}개, 즉 1 뒤에 0이 24개나 따라오는 어마어마한 수의 별들이 있는 셈입니다.

앞으로 아주 크거나 아주 작은 숫자는 지수 표기법으로 나타내려고 합니다. 소수점 앞의 숫자와 0의 개수로 표현하는 방식이지요. 예를 들어, 우리은하의 크기는 1×10^{23}cm입니다. 1 다음에 0이 23개 있다는 뜻이에요.
작은 숫자는 마이너스 지수를 가집니다. 양성자의 지름은 약 0.00000000000008cm인데, 8 앞에 0이 13개나 있습니다. 소수점을 오른쪽으로 14자리 옮겨야 8이 나오기에, 8×10^{-14}cm로 표현할 수 있습니다.

생명체를 구성하는 물질 1g 에는 약 100경 개의 원자가 있습니다. 비슷한 재료로 만든 쿠키 하나는 보통 16g 정도니까, 쿠키 하나에는 … 놀랍게도 10^{24}개, 즉 우주의 별만큼이나 많은 원자가 들어 있는 거예요.

손바닥만 한 쿠키 하나에 우주의 별들만큼 많은 원자가 있다니, 정말 놀랍지 않나요?

과학은 일상을 관찰하는 것에서 시작합니다. 관찰한 것들을 연결해 사물의 원리를 이해하고, 더 좋은 설명을 찾고, 미래를 예측하려고 노력하지요. 폭포, 동식물의 성장, 바람과 날씨처럼 우리가 일상에서 마주하는 평범한 것들이 과학의 출발점입니다. 과학이 때로는 어렵고 추상적으로 느껴질 수 있지만, 그 뿌리는 우리 일상 속에 있습니다.

그리고 쿠키야말로 과학을 알아가는 훌륭한 출발점입니다. 쿠키를 만드는 재료들이 과학의 여러 분야와 맞닿아 있기 때문이지요. (게다가 맛있기까지 합니다!)

이 책에서는 쿠키 레시피의 재료와 만드는 과정, 그리고 쿠키와 관련된 이야기를 통해 과학의 흥미로운 아이디어들을 살펴볼 것입니다. 얼핏 관계없어 보이는 것들 사이의 연결 고리를 찾아가는 여정이 기다리고 있어요.

자, 이제 저희 어머니의 초콜릿 칩 쿠키 레시피를 소개할게요!

초콜릿 칩 쿠키

재료

밀가루(중력분) 2와 1/4컵

베이킹소다 1티스푼

소금 1과 1/4티스푼

실온에 둔 버터 1컵(또는 스틱 2개)

백설탕 3/4컵

황설탕 3/4컵

바닐라 추출액 1티스푼

달걀 2개

초콜릿 칩 340g

먼저 오븐을 190℃로 예열합니다.

큰 볼에 밀가루, 베이킹소다, 소금을 넣고 포크로 잘 섞어주세요. 다른 볼에는 버터, 백설탕, 황설탕, 바닐라 추출액을 넣고 핸드 믹서나 스탠드 믹서로 부드러운 크림이 될 때까지 충분히 섞어주세요. 여기에 달걀을 하나씩 넣으면서 잘 섞어줍니다.

밀가루 섞인 가루를 조금씩 넣어가며 반죽을 만들고, 마지막으로 초콜릿 칩을 넣고 살살 섞습니다. 오븐용 팬에 유산지를 깔고 완성된 반죽을 한 스푼씩 떠서 간격을 두고 올려줍니다.

오븐에서 약 10분간, 또는 쿠키 표면이 노릇해질 때까지 구워주세요.

자, 이제 쿠키를 만들어 볼까요?

CHAPTER 1

밀가루로 알아보는
암흑 물질
DARK MATTER EXPLAINED
WITH FLOUR

우주에 있는 물질의 약 85%는 우리 눈에 보이지 않습니다. 과학자들은 이것을 '**암흑 물질**dark matter'이라고 불렀지만, 아직 그 실체를 포착하거나 실험실에서 만들어 내지 못했고, 직접 관측하는 것조차 불가능합니다. 그러면 암흑 물질이 있다는 것을 어떻게 아는 것일까요? 이 궁금증을 풀기 위해 우리에게 친숙한 밀가루와 반죽을 살펴봅시다.

반죽을 만들 때 가장 흥미로운 점은 아마도 그 특유의 탄력 있고 스펀지 같은 감촉일 것입니다. 손으로 반죽을 주무르고, 두드리고, 늘리면서 모양을 잡아가는 과정은 특별한 즐거움마저 주지요.

반죽에서 이런 늘어나는 성질은 밀가루가 담당하는데, 그 비밀은 바로 **글루텐**gluten이라는 단백질에 있습니다. (맞아요, 사람들에게 소화 문제를 일으키는 바로 그 글루텐이에요!) 글루텐은 마치 작은 스프링처럼 반죽 속의 전분과 다른 입자들을 잡아줍니다. 반죽을 늘리면 글루텐 분자들도 같이 늘어났다가 다시 줄어들면서 늘어난 반죽을 잡아당기는 것이지요.

여기서 글루텐은 반죽을 하나로 뭉치는 **힘**force의 역할을 합니다.

우리가 알기로 우주에서 근본적인 힘은 네 가지밖에 없어요. 중력, 전자기력, 강력, 약력이지요. 쉽게 설명하면,

* **중력**은 우주의 모든 물체를 서로 끌어당기는 힘입니다. 이 힘 때문에 행성들이 태양 주위를 돌고, 쿠키를 놓으면 바닥으로 떨어지지요.
* **전자기력**은 서로 다른 전기를 가진 것들 사이에 작용하는 힘으로, 전기와 빛을 만들어 내고 물질들을 서로 붙어 있게 합니다.
* **강력**은 원자핵 안에서 아주 작은 입자들을 붙들어 두는 힘입니다.
* **약력**은 방사능 같은 아주 미세한 변화를 일으키는 힘입니다.

이 중에서 어떤 힘이 가장 강할까요? 이름 그대로 강력이 가장 셉니다. 그런데 재미있게도 약력이 가장 약한 힘은 아닙니다. 가장 약한 힘은 바로 중력입니다. 물리학자들이 이름을 썩 잘 짓지는 못한다는 것을 알 수 있지요. 앞으로도 이상한 이름들이 더 나올지 모릅니다.

강력은 정말로 엄청난 힘을 가지고 있습니다. 전자기력보다 100배, 약력보다 100만 배, 중력보다는 무려 10^{38}배나 더 강합니다. 하지만

강력과 약력은 아주 가까운 거리에서만 작용해요. 우리가 평소 이 힘들을 느끼지 못하는 이유도, 이 힘들이 원자핵처럼 정말 작은 크기에서만 영향을 미치기 때문입니다.

우리가 일상생활에서 느끼는 것은 주로 전자기력과 중력이에요. 반죽을 뭉치게 하는 글루텐 분자의 힘도 전자기력의 일종이지요. 글루텐 단백질 안에 있는 서로 다른 전기를 가진 입자들이 당기고 밀면서 이런 힘이 생기는 거예요. 분자가 어떤 모양을 갖게 되는지도 단백질의 서로 다른 부분들이 밀고 당겨서 그렇답니다. 늘어난 고무줄이 다시 원래 길이로 돌아가려고 하듯이, 분자도 비틀리거나 늘어나면 원래 모양으로 돌아가려고 하지요. 분자의 모양에 대해서는 3장에서 베이킹소다 이야기를 할 때 더 자세히 알아볼 텐데요. 지금은 분자가 이런저런 모양을 갖는 이유가 전자기력 때문이라는 점만 기억해도 좋습니다.

전자기력은 중력보다 훨씬 강력합니다. 이것을 직접 확인하고 싶다면 쿠키 하나를 테이블 위에 올려두기만 하면 됩니다. 지구 전체, 무려 7,000,000,000,000,000,000,000톤에 달하는 지구가 중력으로 쿠키를 잡아당기고 있습니다. 쿠키가 테이블 위에 떠다니지 않게 하는 힘이 바로 이 중력이지요.

이제 손으로 쿠키를 집어 들어보세요. 여러분의 팔 근육이 만들어내는 전자기력이 지구 전체가 만드는 중력을 거뜬히 이긴다는 것을 알 수 있습니다. 지구의 중력, 알고 보면 별것 아니지요?

그런데 이상한 점이 있습니다. 천문학자들이 태양계나 은하에 작용하는 힘을 연구할 때는 이토록 강력한 전자기력은 거의 신경 쓰지 않고 중력만을 고려합니다. 왜 그럴까요?

그 이유는 두 힘이 작용하는 방식이 서로 다르기 때문입니다. 전자기력은 서로 다른 전기적 성질을 가진 것들 사이에서만 생깁니다. 마치 자석의 N극과 S극처럼, 음전하를 가진 전자와 양전하를 가진 양성자는 서로 달라붙으려고 하지요.

하지만 전자와 양성자가 한번 달라붙으면, 그 밖에서는 더 이상 전자기력이 작용하지 않습니다. 둘이 붙으면 전기적으로 중성이 되어버리거든요. 수소 원자가 바로 그런 경우입니다. 시간이 지나면 양전하와 음전하는 서로 만나 전자기력의 효과를 없애버립니다.

반면 중력은 절대 없어지지 않아요. 모든 물질이 중력을 만들어 내는데, 그 효과는 계속 쌓이기만 하지요. 쉽게 말해 전자기력에는 플러스와 마이너스가 있지만, 중력에는 플러스만 있는 거예요. 영화에서는 반중력 같은 게 나오지만, 실제로는 그런 것이 존재하지 않습니다. 앞으로도 만들 수 없을 거예요. 중력은 그냥 중력일 뿐이니까요.

그래서 전자기력과 달리, 우주의 모든 중력은 계속 더해집니다. 없앨 방법이 없거든요. 별이나 블랙홀, 은하처럼 엄청나게 거대한 것들 사이에서는 중력만이 실제로 영향을 미치는 유일한 힘입니다.

물론 우주에서도 가까운 거리에서는 전자기력이 작용할 수 있습니다. 예를 들어, 태양은 전자와 양성자가 섞인 태양풍이라는 것을 내보내는데, 이 태양풍은 엄청난 전자기 에너지를 가지고 있습니다. 이 입자들은 지구의 자기장과 부딪치면서 예쁜 오로라, 즉 북극과

남극에서 보이는 화려한 빛을 만들어 내기도 합니다.

하지만 은하 안에서 별들의 움직임을 살펴보면, 중력이 별들의 궤도를 지배하고 있다는 것을 알 수 있습니다.

은하는 회전하고 있어요. 회전하는 다른 모든 물체처럼, 은하 안의 별들이 우주 공간 바깥으로 튕겨 나가지 않고 끊임없이 회전하려면 수많은 별들을 그 중심으로 끌어당기는 힘이 작용해야 합니다.

잠시 쿠키 반죽은 제쳐두고, 또 다른 종류의 반죽, 바로 피자 반죽을 생각해 볼게요. 쿠키 반죽과 마찬가지로 피자 반죽도 주로 글루텐에 의해 뭉쳐집니다.

피자 반죽을 공중에 던져 빙글빙글 돌리는 모습을 본 적 있나요? 반죽이 펼쳐지면서 늘어나는 이유는 반죽의 각 부분이 모두 직선 경로로 움직이려고 하기 때문이에요. 이때 글루텐이 늘어나면서 반죽이 원을 그리며 움직이도록 하는 힘을 제공해야 합니다. 만약 반죽을 지나치게 빨리 돌리면, 글루텐이 반죽을 붙들 정도의 충분한 힘을 발휘할 수 없을 거예요. 그러면 반죽이 찢어지겠지요. 그러면 아무래도 난장판이 되겠지요? 상상하고 싶지도 않네요.

중력은 은하 반죽의 글루텐입니다. 은하 전체를 하나로 묶어주지요. 그래서 은하 내부에 가해지는 모든 중력이 별들의 회전 속도를 결정하는 것입니다.

1970년대 후반, 베라 루빈Vera Rubin 박사는 우리은하 안의 별들이 은하 중심을 기준으로 얼마나 빠르게 회전하는지 세밀하게 관측했습니다. 루빈 박사를 비롯해 과학자들은 별이 은하 중심에서 멀어질수록 회전 속도가 느려질 것이라고 예상했지요. 태양 주위를 공전하는 우리 태양계 행성들처럼요. (참고로 지구는 한 번 공전하는 데 1년이 걸리지만, 토성은 무려 29년이 걸린답니다.) 그리고 바깥쪽의 바람은 상대적으로 느리고 중심부에 가까워질수록 바람이 빠르게 부는 태풍처럼요.

하지만 루빈 박사의 측정 결과는 모두를 놀라게 했습니다. 은하 가장자리의 별들은 예상보다 훨씬 더 빠른 속도로 움직이고 있었습니다. 이대로라면 은하 안의 별들이 우주 공간으로 흩어져야 할 텐데 말이지요. 그러면 도대체 어떤 신비로운 힘이 이 은하의 별들을 붙들고 있는 것일까요?

과학의 법칙, 즉 이론과 방정식이 예측하는 것과 맞지 않는 결과를 마주했을 때는 두 가지 선택지가 있습니다. 첫째는 법칙이 맞고 관측에 무언가 문제가 있다고 가정하는 것이에요. 측정 방법에 오류가 있었을 수도 있고, 아니면 우리가 알지 못한 새로운 물질이 존재해서 중력으로 그 별들을 제자리에 붙들고 있는 것일지도 모릅니다.

또 다른 선택지는 그 이론과 방정식 자체가 틀렸다고 생각하는 거예요. 어떤 상황에서는 들어맞지만, 우리가 관측하고 있는 조건에서

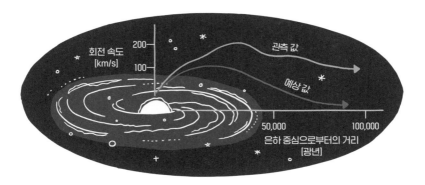

실제 별의 속도 vs. 이론적으로 예상한 속도.
은하 가장자리의 별들은 은하 밖으로 튕겨 나가야 합니다.

는 맞아떨어지지 않을 수도 있습니다. 아인슈타인이 발전시킨 중력의 법칙은 별과 행성에 대한 관측을 바탕으로 한 것입니다. 그런데 혹시 중력의 법칙이 아주 먼 거리에서는 조금 달라지는 것은 아닐까요? 중력이 빠르게 감소하지는 않아서, 은하 가장자리의 중력이 우리의 예상보다 더 강력할 수도 있지 않을까요?

이런 딜레마에 부딪혔을 때, 보통은 기존의 이론을 그대로 유지하고 그 이론을 바탕으로 어떤 일이 벌어지는지 알아내고자 합니다. 이것이 가장 쉽고 일반적인 방법이지요. 루빈 박사와 연구진이 측정 결과를 발표하고 나서 잇따른 다른 실험들에서도 그 결과가 검증되었습니다. 심지어 우리은하뿐만 아니라 다른 은하들도 같은 양상을 보인다는 사실을 발견했지요.

가장 간단한 설명은 우주에 우리가 알지 못하는, 발견하기 굉장히 어려운 물질이 존재한다는 거예요. 우리가 한 번도 본 적은 없으니

밀가루로 알아보는 암흑 물질

까요. 이런 물질이 존재한다면, 이 물질은 빛과 전혀 상호작용하지 않을 거예요. 빛이 그냥 이 물질을 통과해 버리는 것이지요. 이 신비로운 물질에 '암흑 물질'이라는 이름이 붙은 이유입니다. 암흑 물질이 은하를 뭉치게 하는 추가적인 중력 글루텐 역할을 함으로써, 가장자리의 별들도 빠른 속도로 움직일 수 있는 것이지요.

암흑 물질이 무엇으로 구성되어 있는지, 그 정체를 밝히기 위해 노력한 지도 어언 50여 년이 흘렀지만, 그 실체는 여전히 베일에 싸여 있습니다. 하지만 가능성 없는 성질을 하나씩 배제해 나가면서, 몇 가지 단서들을 손에 넣었습니다.

> * 전파부터 X선에 이르기까지, 우리가 관측할 수 있는 모든 진동수의 빛과 상호작용하지 않는다.
> * 일반적인 물질처럼 은하 중심부에 뭉치는 경향이 없다. 오히려 퍼지는 경향이 있다.
> * 우주 전체 질량의 85%를 차지한다.

만약 암흑 물질 이론이 맞다면, 우리는 우주의 겨우 15%만 무엇으로 이루어진 것인지 알고 있는 셈입니다! 우주 전체 질량의 85%는 여전히 완전한 수수께끼로 남아 있는 것이지요. 은하의 운동을 설명하기 위해, 암흑 물질을 가정하지 않고 중력이 적절한 방식으로 조금 더 강해지도록 일반 상대성이론을 수정하자는 제안들도 많았습니다. 하지만 안타깝게도, 상대성이론을 수정하자는 주장은 최근 과학자들의 관측 결과로 설득력을 많이 잃었습니다.

　그래서 현재로서는 암흑 물질이 별들을 한데 묶어준다고 생각하고 있습니다. 은하의 글루텐인 것이지요.

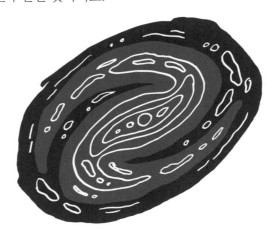

CHAPTER 2

설탕으로 알아보는
핵융합

FUSION EXPLAINED
WITH SUGAR

지난 장에서 우리가 이야기한 여러 힘을 만들어 내려면 **에너지**가 반드시 필요합니다. 에너지는 운동, 열, 전기, 화학 결합 등 다양한 형태로 존재하지요. 문명의 발전은 우리가 에너지를 더 효율적으로 생산할 수 있게 된 것과 밀접한 관련이 있습니다. 나무, 석탄, 석유, 핵에너지는 같은 양의 물질에서 점점 더 많은 에너지를 얻을 수 있게 해주었지만, 모두 우리 지구에 적지 않은 대가를 치르게 하지요. 하지만 핵융합 에너지는 이 모든 문제를 해결해 줄 잠재력을 가지고 있습니다.

모든 형태의 에너지는 서로 연결되어 있고, 하나를 다른 하나로 바꾸는 것이 가능합니다. 그래서 이번에는 인간과 동물의 주요 에너지원이자 우리의 쿠키 재료 중 하나인 설탕부터 자세히 살펴보려고 해요. 사실 설탕에는 여러 종류가 있습니다. 우리가 요리할 때 흔히 사용하는 것은 **자당**sucrose이라는 것인데, 이는 **과당**fructose과 **포도당** glucose이라는 2개의 작은 설탕 분자가 결합해서 만들어집니다.

쿠키를 먹으면, 우리 몸은 자당과 다른 탄수화물을 분해해 체내에서 활용할 수 있는 형태로 바꾸어 줍니다. 근육과 간에서는 **글리코젠**glycogen의 형태로 저장되어 단기적으로 사용되고, 지방 조직에서는 **트리글리세라이드**triglycerides의 형태로 저장되어 장기적으로 보관됩니다.

혈액은 포도당을 우리 몸의 세포로 운반합니다. 평균적으로 우리 혈액에는 1티스푼의 양인 4g 정도의 설탕이 포함되어 있습니다. 이 1티스푼의 설탕이 우리몸의 에너지를 순환시키는 데 일조하는 셈이지요.

설탕은 세포에 흡수되어 그 안의 **미토콘드리아**mitochondria로 운반되는데, 미토콘드리아는 에너지 생산을 책임집니다. 포도당은 일련의 화학 반응을 거치고 산소와 결합하면서, 생명체를 살아 있게 하는 원동력인 에너지를 생산하지요.

그렇다면 쿠키 1개에서 얼마나 많은 에너지를 얻을 수 있을까요? 다행히도 간편하게 알아볼 수 있는 방법이 있습니다. 바로 쿠키 상자 옆면에 있는 영양성분표를 보는 것이지요. 영양성분표에는 열량이 표시되어 있는데 킬로칼로리kcal 단위로 표시되어 있습니다. 바로 이 칼로리가 식품이 우리 몸에 제공하는 에너지의 양을 나타내는 단위입니다. 칼로리 말고도 마력hp, 영국의 열량 단위인 BTU, 킬로와

트시^{kWh}, 줄^J 등 에너지를 표현하는 다양한 단위가 존재하지요. 이 다양한 단위 모두 같은 것을 측정하는 거예요. 마치 인치^{in}, 피트^{ft}, 센티미터^{cm}, 마일^{mi}, 광년^{ly} 등으로 거리를 잴 수 있는 것처럼요. 물론 뉴욕에서 보스턴까지의 거리를 우리가 원하는 어떤 단위로든 측정할 수 있겠지만, 그 거리를 인치나 광년으로 계산하는 것은 그다지 실용적이지 않을 거예요.

이 책을 쓰면서 저는 다양한 종류의 쿠키 영양 정보를 심도 있게 연구했습니다. 물론 그 쿠키들을 직접 뱃속에 넣으면서 확인한 것은 당연하고요. 과학을 위해 어쩔 수 없는 일이었답니다! 그 과정에서 확인할 수 있었던 것은, 쿠키 1개의 열량이 평균적으로 150kcal가 된다는 사실입니다. 이 에너지를 남김없이 사용한다면, 가정용 10와트^W LED 전구를 약 17시간 동안 밝힐 수 있답니다.

우리 몸은 쿠키에서 에너지를 빼내 세포에 공급합니다. 그러면 애초에 쿠키에는 어떻게 에너지가 포함되어 있었던 것일까요? 음, 우리가 쿠키 반죽에 넣은 자당은 사탕수수나 사탕무 같은 식물에서 추출한 것입니다. 그러니까 그 에너지는 식물들에서 비롯되었다고 할 수 있지요. 그러면 그 식물들은 설탕에 담긴 에너지를 어떻게 얻었을까요?

여러분도 한 번쯤 들어본 적이 있을 것입니다. 바로 **광합성**^{photosynthesis}이에요. 광합성은 일련의 화학 반응으로서, 햇빛과 이산화탄소, 물을 결합해 설탕과 산소를 만들어 냅니다.

결국, 우리가 쿠키를 먹어서 얻는 에너지는 태양으로부터 비롯된

셈입니다. 사실 지구상의 거의 모든 에너지가 태양으로부터 온다고 해도 과언이 아닙니다. 물론 예외가 있기는 합니다. 지구 자체가 생성하는 열로 인해 발생하는 에너지인 지열 에너지나, 지구와 달의 상호작용에 의해 발생하는 조력 에너지가 그런 예외들이지요. 하지만 기본적으로 우리 지구의 모든 것은 여러분이 알아차리지 못하는 것까지 포함해 태양을 통해 에너지를 얻고 있습니다.

예를 들어, 댐 뒤에 쌓인 물이 흐르면서 터빈을 돌리는 수력 발전은 중력을 이용해 에너지를 얻는 것처럼 보입니다. 중력이 물을 산에서 바다로 끌어당기면서, 위치 에너지^{potential energy}를 운동 에너지^{kinetic energy}로 전환하는 것이지요.

하지만 물이 바다에 도달하면 다시 산꼭대기로 돌아가야 합니다. 그러지 않으면 댐은 금새 말라버릴 테니까요. 이런 과정은 물이 바다에서 증발해 구름을 형성하고, 비나 눈의 형태로 더 높은 곳으로 다시 떨어지면서 일어납니다. 그런데 이렇게 증발을 일으키는 것은 태양 에너지입니다.

햇빛은 우리 지구를 움직이는 대부분의 에너지를 제공하지만, 우리는 태양 에너지의 아주 작은 부분만을 받을 뿐입니다. 우리 지구에 도달하는 태양 에너지의 양은 태양이 방출하는 전체 에너지의 10억분의 1에도 미치지 못합니다.

그러면 태양은 어떻게 그토록 엄청난 에너지를 만들어 내는 것일까요? 그 10억분의 1로도 지구의 모든 생명체에 에너지를 공급하고도 남는데 말이에요. 지난 1장에서 이야기했듯이, 태양은 가장 강력한 힘, 그 이름처럼 강한 강력을 이용합니다. 강력은 원자핵 안의 양성자와 중성자를 붙들고 있지요.

2개의 원자핵을 아주 가까이 가져가면, 처음에는 서로 밀어내려고 합니다. 핵은 양전하를 띠고 있어서 아주 가까이 붙이면 두 양전하가 서로 반발하기 때문이지요. 마치 두 자석의 N극을 붙이려고 할 때 느껴지는 힘과 같아요. 자석과 핵이 서로 밀어내는 것은 모두 전자기력 때문이에요.

하지만 원자핵을 충분히 밀어붙이면, 강력 덕분에 핵들이 결합하려고 합니다. 강력은 핵 안에서 양성자와 중성자를 붙들고 있는 힘이에요. 그리고 강력은 전자기력보다 더 세지만, 아주 짧은 거리에서만 작용합니다. 그래서 핵이 서로 매우 가까워지기 전까지는 핵들을 끌어당기는 데 아무런 역할도 하지 않는 것이지요. 전자기력을 이겨내고 핵들을 충분히 가깝게 밀어붙여서 강력이 작용하게 하려면 많은 에너지를 공급해야 해요. 하지만 일단 강력이 작용하면 핵들은 엄청난 양의 에너지를 방출하는데, 이것을 바로 '핵융합nuclear fusion'이라고 합니다. 그리고 이렇게 방출되는 에너지는 핵들을 충분히 가깝게 밀어붙이는 데 필요한 에너지보다도 훨씬 크지요. 많은 에너지를 투입하더라도, 더 많은 에너지를 얻을 수 있는 거예요.

사실 핵융합이 일어날 때 에너지를 방출하는 쪽은 가벼운 핵들이에요. 수소 핵(양성자 1개), 중수소 핵(양성자 1개와 중성자 1개), 삼중수소 핵(양성자 1개와 중성자 2개)이 가장 많은 에너지를 방출하는 핵들 중 하나입니다. 철이나 그보다 무거운 원자의 경우에는, 더 이상 융

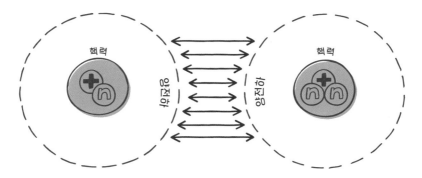

전자기력은 핵들(파란색 입자들)이 매우 가까워질 때까지 서로 밀어내요.
그러다가 강력이 작용하면서 가까워진 핵들을 끌어당깁니다.

합으로 에너지를 얻지 못해요. 아주 무거운 원자로 가면, 오히려 핵을 결합하는 대신 쪼개면서 에너지를 얻지요. 이것은 '**핵분열**nuclear fission'이라고 합니다.

원자가 무거울수록 더 많은 에너지가 핵분열을 통해 만들어집니다. 우라늄과 플루토늄이 가장 무거운 원자이지요. 핵분열 에너지 역시 강력에서 비롯되는데, 바로 이 강력이 원자로와 핵무기에 반응을 일으키는 힘이기도 합니다.

우리의 태양은 다른 모든 별과 마찬가지로 대체로 가벼운 핵들로 이루어져 있어서, 핵융합에 필요한 연료가 매우 풍부합니다. 그런데 태양은 어떻게 이 전자기력 에너지 장벽을 극복하고 핵들을 충분히 가깝게 밀어붙여 핵융합을 일으키는 것일까요? 바로 중력입니다!

태양의 질량은 지구의 질량보다 무려 33만 배 정도 더 큽니다. ('질량mass'은 무언가가 얼마나 많은 물질로 이루어져 있는지를 나타내는 척도

설탕으로 알아보는 핵융합

입니다.) 중력이 이 모든 것을 끌어당겨서 태양의 중심부를 압축하면, 온도 또한 증가합니다. 이렇게 높은 온도와 압력 덕분에, 에너지가 높은 핵들이 전자기 반발력을 극복할 수 있을 정도로 빠르게 충돌하면서 핵융합 반응이 일어나며 에너지를 방출할 수 있게 되는 것이지요.

우리 태양계에서 가장 큰 행성인 목성은 태양과 비슷한 물질로 이루어져 있습니다. 하지만 질량이 태양만큼 크지 않아 핵융합 반응을 일으키기에 충분할 만큼의 중력을 가지고 있지는 않지요. 목성이 핵융합 반응을 일으키려면 지금보다 거의 80배는 더 커야 합니다. 만약 목성이 지금보다 80배 이상 더 컸다면, 우리는 별이 2개인 항성계, 즉 쌍성계에서 살고 있을 거예요.

핵융합은 엄청난 에너지를 만들어 냅니다. 그런데 다른 에너지원, 예를 들어 쿠키 속 설탕과 비교하면 얼마나 될까요? 일반적으로 우리가 흔히 먹는 초콜릿 칩 쿠키의 열량은 약 150kcal입니다. 사실 쿠키 속의 원자들은 핵융합에 그다지 적합하지는 않지만, 수소나 중수소와 같이 핵융합에 적당한 입자로만 쿠키를 만들었다고 가정해 봅시다. 우리가 맛은 그다지 좋지 않을 수 있는 그 쿠키 속의 모든 물질을 이용해 핵융합을 일으킨다면, 약 82억 kcal를 만들어 낼 수 있을 거예요. 쿠키가 핵융합으로 이런 에너지를 만들어 낸다면, 다이어트를 계획한 누군가에게는 최악일 수 있겠지만, 전력이 부족한 나라라면 정말 좋은 방법이 아닐까요?

그러면 지구에서 핵융합 반응을 만들어 낼 수는 없을까요?

사실 우리는 이미 지구에서 핵융합 반응을 만들어 냈답니다. 바로 수소 폭탄입니다. 핵융합 반응으로 작동하는 것들 중 하나이지요. 하지만 수소 폭탄을 작동시키려면, 우라늄이나 플루토늄 같은 무거운 원자의 핵으로 핵분열 폭발을 일으켜야 하고, 그 폭발을 이용해 안의 중수소와 삼중수소 중심부를 압축해야 합니다. 그래야 비로소 핵융합 반응이 시작되지요. 핵융합 반응을 시작하기 위해 원자 폭탄을 안쪽으로 폭발시켜야 한다는 것만 보더라도, 핵융합을 일으키는 데 얼마나 어마어마한 온도와 압력이 필요한지 짐작할 수 있습니다.

너무나 당연한 말이겠지만, 핵융합 발전을 위해 핵폭탄을 터뜨려서 전기를 생산한다는 것은 말도 안 되는 이야기입니다. 별 중심부의 온도와 압력을 지구에서 통제할 수 있는 방식으로 만들기도 여간 어려운 일이 아닙니다. 핵융합이 일어나는 환경은 너무나도 극한적인 환경이라 어떠한 용기도 물리적으로 견딜 수 없을 거예요. 인류는 50년이 넘는 시간 동안 어떻게 해야 할지 고민해 왔어요. 그러던 2022년, 드디어 실험에서 '손익 분기점', 다시 말해 핵융합으로 얻은 에너지가 에너지를 얻기 위해 투입한 에너지와 같아지는 지점에 도달했습니다. 하지만 이 기술을 전기 발전에 실용적으로 쓰려면 아직은 갈 길이 멀어요.

과학자들이 핵융합 원자로를 만들고자 하는 방법에는 크게 두 가지가 있습니다. 첫 번째는 매우 강력한 자기장 안에 에너지 생산에 필요한 연료를 가두어 놓고 가열하는 거예요. 매우 높은 압력과 온도로 인해 플라스마 상태로 변해버린 연료를 전자기력의 힘으로 가

두는 것이지요. (여기서 '플라스마plasma'는 온도가 아주 높아서 전자가 더 이상 원자핵에 묶여 있지 않은 상태를 뜻합니다.) 이야기만 들어도 알 수 있듯이, 결코 간단한 일은 아니지요.

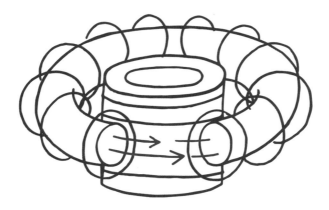

첫 번째 방법은 토카막이라는 장치 안에서 이루어진답니다.

두 번째는 고출력 레이저를 여러 방향에서 1개의 연료 알갱이에 쏘는 거예요. 레이저가 이 연료 알갱이를 가열하고 압축해 핵융합을 일으키고, 레이저를 가동하는 데 필요한 에너지보다 더 많은 에너지를 방출하게 하는 방법이지요.

레이저를 이용한 이런 핵융합에서는 작은 연료 알갱이가 차례대로 원자로에 투입되면 레이저가 작동해 투입된 연료 알갱이를 차례로 강타합니다.

핵융합 발전은 늘 손에 잡힐 듯 말 듯 잡히지 않는 기술이에요. 하지만 우리가 상용화할 만한 핵융합 원자로를 만들 수만 있다면 정말이지 이 지구를 바꿀 수 있을 거예요. 핵융합은 바닷물에서 채취할 수 있는 풍부한 연료를 사용하면서도, 원자력 발전과 달리 방사성 폐기물을 남기지 않거든요.

강력이 가장 강력한 힘이니까, 이것이 우리가 에너지를 만들어 낼 수 있는 최선의 방법일까요? 다시 말해, 핵융합이야말로 우리가 도달할 수 있는 정점일까요?

그렇지 않습니다. 더 나아갈 수 있다는 잠재력을 보여준 사람이 바로 그 유명한 알베르트 아인슈타인Albert Einstein이랍니다.

상대성이론을 바탕으로, 아인슈타인은 에너지와 물질이 서로 맞바뀔 수 있다는 것을 입증했어요. 에너지는 질량으로, 질량은 에너지로 변환할 수 있지요. 질량과 에너지 사이의 이런 관계는 과학 역사상 가장 유명한 공식으로 표현할 수 있습니다.

$$E = mc^2$$

여기서 'E'는 에너지, 'm'은 질량, 그리고 'c'는 빛의 속력을 의미합니다.

빛의 속력은 아주아주 빨라서, 1초에 30만 km를 이동할 수 있습니다. 이를 제곱하면, 즉 빛의 속력을 두 번 곱하면, 정말 큰 숫자가 되지요. 다시 말해, 아주 작은 질량도 엄청난 양의 에너지를 가질 수 있다는 뜻입니다.

만약 우리가 어떤 것의 질량을 에너지로 곧장 바꿀 수만 있다면, 핵융합 반응으로부터 얻는 에너지보다 더 많은 에너지를 만들어 낼 수 있을 거예요.

자, 다시 한번 쿠키로 돌아가 볼까요? 일반적인 쿠키의 모든 질량을 에너지로 바꾼다면, 약 430조 kcal를 얻을 수 있어요. 핵융합을 통해 얻을 수 있는 82억 kcal나 설탕과 다른 재료의 화학에너지에서 나오는 보잘것없는 150kcal보다 훨씬 더 많은 에너지이지요.

430조 kcal는 약 500기가와트시^{GWh}의 전력이에요. 1시간 동안 5,000억 와트를 공급할 수 있는 양이지요. 미국 전체에서 1시간 동안 소비되는 에너지 수요를 충당할 수 있는 양이기도 해요.

쿠키 하나로 이 정도 에너지라니! 꽤 괜찮지 않나요?

하지만 안타깝게도, 우리가 아는 한, 어떤 물체가 포함하는 질량을 에너지로 모두 변환하는 유일한 방법은 '**반물질**antimatter'과 충돌시키는 것뿐이에요. 모든 입자에는 '반입자' 짝이 있어요. 둘이 만나면 에너지의 폭발과 함께 입자가 소멸하지요. 반물질은 고에너지 입자들이 충돌할 때 생성되는데, 보통은 그 수명이 매우 짧고 저장하기도 어려워요. 용기에 담아둘 수도 없지요. 왜냐고요? 반물질을 담아둔 용기의 어딘가에 닿기라도 하면 소멸해 버리기 때문이에요. 핵융합 플라스마와 마찬가지로, 진공에서 자기장을 이용해 반물질을 일반

물질로부터 떨어뜨려 놓아야만 우리가 연구할 수 있습니다.

그래서 SF소설에 자주 등장하기는 하지요. 하지만 안타깝게도 우주에 숨겨진 반물질 공급원을 찾지 못하는 한, 반물질 쿠키는 현실적으로 미래 에너지의 해법이 되기는 어려울 듯해요.

SF에 등장할 법한, 쿠키를 이용한 반물질 우주선 추진기.

설탕으로 알아보는 핵융합

CHAPTER 3

소금과 베이킹소다로
알아보는 원자 구조
ATOMIC STRUCTURE EXPLAINED WITH
SALT AND BAKING SODA

우리 주변의 모든 것, 심지어 지금 여러분이 읽고 있는 이 책조차도
모두 분자로 이루어져 있습니다. 예를 들면, 소금은 소듐Na과 염소Cl,
단 2개의 원자로 구성되어 있지요. 여기 바로 그 분자의 모습을 보여
주는 그림이 있어요.

두 원자를 연결하는 선을 '**결합**bond'이라고 부릅니다. 결합은 분자
를 하나의 덩어리로 단단하게 묶어주는 역할을 하지요. 달리 말해,

이것은 분자 안의 원자들이 전자를 서로 공유한다는 의미입니다. 분자를 이루는 원자들의 종류와 배열된 형태가 물질의 경도, 색상, 다른 물질과의 결합 성향 등 여러 특성을 결정짓습니다.

원자들이 서로 어떻게 결합되어 있는지를 확인하는 것은 일반적으로 많은 사람들이 생각하는 것보다 훨씬 더 중요합니다. 다이아몬드와 흑연(연필심)은 모두 동일한 원자, 즉 탄소로만 구성되어 있어요. 둘의 차이는 그 원자들이 서로 어떻게 연결되어 있는지, 즉 원자들의 연결 방식에 있지요.

베이킹소다, 다른 말로 '**탄산수소소듐**sodium bicarbonate'은 소금보다 조금 더 복잡한 구조를 가지고 있습니다. 소듐Na 하나, 수소H 하나, 탄소C 하나, 그리고 산소O 셋으로 구성되어 있지요. 여기 그 모습을 그림으로 나타냈어요.

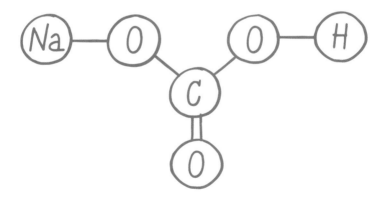

그림 아래쪽에 탄소에서 산소 하나로 뻗어나가는 2개의 선이 보이시나요? 이것이 바로 이중 결합입니다. 원자들이 전자 2개를 공유하고 있다는 뜻이지요. 결합을 이해하려면, 여러분도 한 번쯤은 보았을 주기율표를 살펴보는 것이 도움이 될 거예요.

이 주기율표에서 원자들은 가지고 있는 양성자 수에 따라 순서대로 배열되어 있습니다. (일반적인 중성 원자는 항상 전자와 양성자의 수가 동일합니다.)

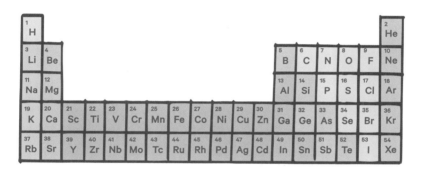

여기 주기율표의 처음 다섯 줄이 있습니다.

수소는 주기율표의 모든 원소 중 가장 단순한 원자 구조를 가지고 있습니다. 전자 하나와 양성자 하나를 가지고 있지요. 탄소는 전자와 양성자를 각각 6개씩 가지고 있고, 산소는 각각 8개씩 보유하고 있습니다. 같은 줄 왼쪽에서 오른쪽으로 이동할 때마다 한 칸당 양성자와 전자의 개수가 하나씩 증가하는 셈이지요. 오른쪽 끝에 위치한 원소에 도달하고 나면, 그다음으로 큰 원자는 다음 줄의 첫 번째 칸으로 넘어가는 형식으로 구성되어 있습니다.

주기율표에서 같은 세로줄에 위치한 원소들은 유사한 화학적 특성을 공유합니다. 이것이 바로 주기율표의 창시자인 드미트리 멘델레예프$^{Dmitri\ Mendeleev}$가 이 표를 구상해 낼 수 있었던 이유이기도 하지요. 하지만 맨 오른쪽 세로줄, 그러니까 맨 위의 헬륨^{He}부터 맨 아래의 제논^{Xe}까지가 아마도 주기율표에서 가장 흥미로운 녀석들일 거예요. 이 마지막 세로줄의 원소들은 '비활성 기체'라고 불리는데, 기본적으로 반응성이 매우 낮아요. 다시 말해, 다른 화학 물질과 거의 반응하지 않는다는 뜻이에요. 그래서 발견하는 것 자체가 상당히 어려웠지요.

사실 주기율표가 완성되고 수십 년이 지나서야 이 비활성 기체들이 발견되었습니다. 아르곤^{Ar}이 첫 번째로 그 모습을 드러냈는데, 1890년대 영국의 물리학자 레일리$^{John\ Rayleigh}$ 남작에 의해 우연히 발견되었지요. 레일리 남작은 공기를 구성하는 기체들을 하나씩 제거해 가며 공기를 분석하고 있었습니다. 공기 중 질소가 얼마나 많은 부분을 차지하고 있는지 정밀하게 측정하기 위해서였지요. 하지만 늘 작은 기포 하나가 남았는데, 이 기체는 그 어떤 것과도 반응하지 않았어요. 함께 연구를 진행한 영국의 화학자 윌리엄 램지$^{William\ Ramsay}$는 이 기체가 새로운 원소일 수 있다고 제안했고, 같이 실험을 진행해 새로운 원소임을 입증했습니다. 이들은 이 새로운 원소를 아르곤^{Ar}이라고 명명했는데, 그리스어로 '게으른'이라는 뜻이에요. 조금은 감정 섞인 이름이 아닌가 싶기도 하네요.

레일리와 램지의 실험으로 대기의 1% 정도가 아르곤으로 이루어져 있다는 사실이 밝혀졌습니다. 이전까지는 아르곤이 그 어떤 원소와도 반응하지 않아서 우리가 그 존재를 알지 못했을 뿐이지요. 아르곤의 발견되고 나서 곧 네온^{Ne}과 나머지 비활성 기체들도 잇따라 발견되었고, 그렇게 주기율표의 마지막 세로줄이 완성되었습니다.

이 마지막 세로줄은 주기율표 전체에서 가장 중요한 줄이라고 할 수 있습니다. 2, 10, 18, 36, 54와 같은 원소 번호를 가진 원소들은 원자를 매우 안정된 상태로 유지하지요. 이 원소 번호들은 모든 원자가 도달하고자 하는 숫자입니다. 마지막 세로줄에 위치한 원소들이 다른 원소와 잘 반응하지 않는 이유도 바로 여기에 있습니다. 정확히 모든 원소가 갖고자 하는 개수의 전자를 가지고 있기에 전자를 다른 원소와 공유하지 않는 것이지요.

예를 들어, 염소는 17번이에요. 전자가 하나만 더 있으면 18로 올라갈 텐데, 이는 우리가 앞서 언급한 안정된 원소 번호들 중 하나지요. 반면 소듐은 11번이에요. 전자가 하나만 적으면 10이 되겠지요. 또 다른 안정된 원소 번호예요.

소듐은 버리고 싶은 전자가 하나 있고, 염소는 하나를 정말 갖고 싶어 해요. 그들이 만나서 소듐이 염소에게 전자를 빌려주면 어떨까요? 이것이 바로 화학 결합의 본질입니다. 원자들이 전자를 공유하는 것이지요. 그리고 결합이 이루어지면 우리의 소금 분자, NaCl이 형성되는 거예요.

여기 주기율표의 처음 세 줄이 있어요. 세로줄에는 안정된 상태가 되려면 얼마나 멀어져 있는지 표시되어 있습니다. 첫 번째 세로줄의 원자들은 모두 마지막 줄보다 전자가 하나 더 많지요. 베릴륨^{Be}과 마그네슘Mg은 그보다 2개가 더 많고, 산소와 황S은 2개 더 적어요. 탄소와 규소Si는 딱 중간에 위치해서, +4 또는 -4로 볼 수 있지요.

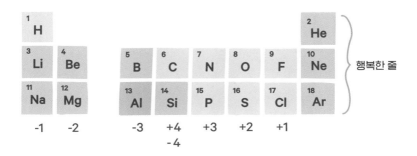

베이킹소다를 다시 한번 볼까요? 각각의 원자로부터 뻗어나가는 선의 개수가 안정된 세로줄에서 얼마나 멀리 떨어져 있는지와 정확히

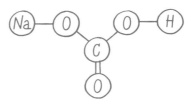

같다는 점에 주목해 봅시다. 소듐과 수소 원자는 선이 1개씩 있고, 산소는 2개, 탄소는 4개예요.

쿠키 얘기로 다시 돌아가 볼까요? 왜 반죽에는 베이킹소다를 넣는 것일까요? 베이킹소다가 도대체 어떤 역할을 하는 것일까요?

원자들 사이의 결합이 모두 똑같은 것은 아니에요. 어떤 결합은 다른 결합보다 더 강하지요. 어떤 원자가 더 나은 제안을 받으면, 즉 그 원자가 더 결합하고 싶어 하는 원자나 분자를 만나거나 더 강하게 결합할 수 있는 조건이 나타나면, 그 원자는 기존의 결합을 버리

소금과 베이킹소다로 알아보는 원자 구조

고 새로운 분자를 형성할 거예요.

　베이킹소다의 결합은 그다지 강하지 않아요. 특히 소듐 원자와 산소 원자 사이의 결합이 상당히 약하지요.

　베이킹소다 안의 원자들은 소듐보다는 수소 원자와 결합하는 것을 훨씬 더 선호해요. 그래서 수소가 더 많은 환경에 놓이면, 베이킹소다는 분해되어 세 부분으로 재결합합니다. 자유로운 소듐 원자, 물 분자, 그리고 이산화탄소 분자로요.

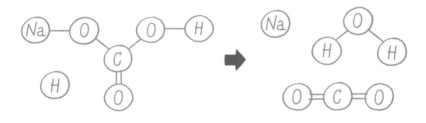

　보다시피, 왼쪽의 원자들은 오른쪽의 원자들과 일치합니다. 단지 연결 방식을 다시 조합한 것뿐이지요. 여기서 이산화탄소^{CO_2}는 기체로 쿠키를 푹신푹신하고 가볍게 만들어 줍니다.

　그러면 이 반응을 일으키는 데 필요한 여분의 수소 원자는 어디에서 얻을 수 있을까요? 어떤 물질은 여분의 수소를 제공하는 성질을 가지고 있습니다. 바로 '산^{acid}'이라고 불리는 것들이지요.

　분자를 이루는 결합은 상당수가 수소가 있으면 분해됩니다. 그리고 베이킹소다에서 나오는 물이나 이산화탄소 같은 단순한 형태로 바뀌지요. 그래서 황산^{H_2SO_4}이나 염산^{HCl} 같은 강한 산이 우리 몸을 이루는 분자에 특히나 위험한 영향을 끼치는 것입니다. 각종 산에서 생성된 양성자가 유기 분자를 분해하기 때문이지요.

물론 이런 강한 산을 요리에 사용하지는 않아요. 하지만 우리가 평소에 사용하는 식초, 레몬주스, 요거트 같은 여러 약한 산들도 비슷한 반응을 일으킬 수 있습니다.

여러분은 혹시 과학 실험이나 체험 프로그램에서 '베이킹소다 화산'을 본 적 있나요? 베이킹소다와 식초를 재빨리 섞으면 이산화탄소와 물이 생성되면서, 거품이 일고 풍선처럼 부풀어 오르다가 아주 극적으로 '폭발'합니다. 여기에 빨간 식용 색소를 조금 더하면, 근사한 용암의 흐름까지 연출할 수 있답니다!

주기율표는 원자들이 서로 어떻게 결합하는지를 잘 설명해 줍니다. 그러면 원자 자체는 어떻게 구성되어 있을까요? 1890년대, 영국의 물리학자 J. J. 톰슨J. J. Thomson은 원자에 음전하를 띠면서 원자 전체보다 훨씬 가벼운 입자가 포함되어 있음을 보여주었습니다. 게다가 톰슨은 이 입자들이 원소의 종류와 무관하게 모두 동일하다는 점을 발견했지요. 그는 이 입자들을 '소체corpuscle'라고 불렀는데, 솔직히 좋은 이름은 아니었어요. 다행히도 후대 과학자들이 우리에게 익숙한 '**전자**electron'라는 용어를 채택해 오늘날까지 이어지고 있습니다.

전자의 발견과 더불어 톰슨은 '자두 푸딩'이라고 불리는 원자 모델을 제안했습니다. 자두 푸딩은 자두, 건포도, 다른 과일들로 만드는 전통적인 영국식 디저트인데, 여러분이 잘 알고 있는 과일 파운드 케이크와 비슷해요.

톰슨은 원자가 양전하를 띠는 물질의 공(케이크)과 그 안에서 둥둥 떠다니는 전자(건포도)로 이루어져 있다고 주장했어요.

저는 이것을 M&M 쿠키에 빗대어 생각하는 것을 더 좋아해요. M&M 초콜릿이 전자 역할을 하는 셈이지요. 톰슨에 따르면, 전기적으로 중성인 우리의 쿠키는 그 안에 있는 M&M 개수에 따라 어떤 원소인지가 결정됩니다. 수소는 1개, 탄소는 6개, 산소는 8개의 M&M을 가진다는 것이었지요.

이 모델은 매우 그럴듯해 보였습니다. 그래서 과학자들은 양전하를 띠는 물질의 공, 즉 쿠키에서 양전하를 띠는 반죽 부분을 더 깊이 이해하기 위한 실험을 진행했습니다. 그 정체는 과연 무엇이었을까요?

1909년, 어니스트 마스든Ernest Marsden과 훗날 방사능 측정 장비인 가이거 계수기를 발명한 한스 가이거Hans Geiger는 어니스트 러더퍼드

Ernest Rutherford의 지도 아래 실험 하나를 진행하고 있었습니다. 이들은 '알파 입자'라고도 불리는 헬륨 원자핵을 매우 얇은 금박을 향해 쏘는 실험을 하고 있었지요. 그들은 입자들이 금박을 통과하면서 경로가 약간 휠 수는 있겠지만, 기본적으로는 그냥 관통할 것이라고 예상했습니다. 다시 말해, 입자들이 M&M 쿠키에서 초콜릿이 아닌 진짜 '쿠키' 부분은 쉽게 뚫고 지나갈 것이라고 예상했지요. 그래서 처음에는 금박 너머에만 검출기를 설치했습니다. 대부분의 입자는 예상대로 통과했지만, 발사한 입자를 모두 검출하지는 못했습니다. 일부는 사라졌지요. 원자 안에 흡수되기라도 한 것일까요? 아니면 다른 어딘가로 튀어 나간 것일까요?

가이거와 마스든은 이 현상을 확인하기 위해 검출기를 '직진' 경로에서 점점 더 멀리 옮겨가며 실험을 다시 진행했습니다. 그러다가 금박을 통과하는 대부분의 알파 입자들과 달리, 일부 알파 입자는 아주 엉뚱한 각도로 튕겨 나간다는 것을 발견했지요.

러더퍼드는 깜짝 놀라 나중에 이렇게 회고했습니다.

> "그 일이 내 인생에서 일어난 가장 믿을 수 없는 사건이었습니다. 15인치 포탄을 냅킨에 쏘았는데 그것이 튕겨져 당신을 때린 것만큼이나 상상하기 어려운 일이었어요."

M&M 쿠키 원자 모델에서는 이론적으로 '쿠키 반죽' 부분은 알파 입자 탄환이 튕겨 나갈 만큼 밀도가 높지 않아야 했습니다. 그리고

소금과 베이킹소다로 알아보는 원자 구조

M&M 초콜릿 조각, 즉 전자에서 튕겨 나갈 리도 없었지요. 알파 입자는 전자보다 1만 배나 무거웠으니까요. 아무런 영향도 받지 않고 그저 스쳐 지나갔을 것입니다.

러더퍼드는 계산을 해보고 나서, 실험 결과와 일치하는 유일한 모델은 원자가 대부분 빈 공간으로 구성되어 있고 양전하를 띠는 극도로 밀집된 핵과 그 주위를 맴도는 전자로 이루어져 있다는 것을 깨달았습니다. 알파 입자들 가운데 일부는 이 핵에 부딪혀 사방으로 튕겨 나간 것이었습니다. 마치 탁구공이 당구공을 때릴 때처럼요.

원자의 전체 부피를 차지하는 것이 더 이상 밀도가 낮은 폭신한 케이크일 수는 없었습니다. 케이크를 구성하는 모든 물질이 원자 중심부의 아주 작은 영역에 밀집되어 있었던 것이지요. 이렇게 자두 푸딩 모델은 폐기되었습니다.

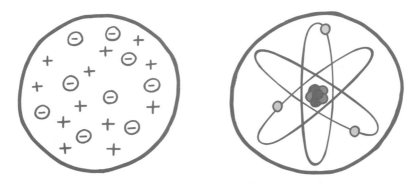

오른쪽 그림은 전자가 태양 주위를 도는 행성처럼 원자핵 주위를 '공전'하는 모델입니다. 하지만 이 전형적인 그림은 사실 원자 구조와 관련해 큰 오해를 불러일으킬 수 있습니다. 전자는 실제로 원을 그리며 움직이지 않기 때문이지요. 전자는 이리저리 날아다니면서 원자 주위에 전자 구름을 형성합니다. 이렇게 전자 구름이 형성되는 이유는 아주 작은 물체를 다루는 물리학인 양자역학 때문인데, 양자역학에 대해서는 뒤에서 더 깊이 있게 다루도록 하겠습니다. 아무튼 이 공전 모델이 자두 푸딩 모델보다는 더 낫지만, 여전히 완벽한 그림과는 거리가 있습니다. 여기 조금 더 개선된 그림이 있어요.

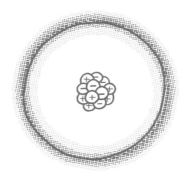

이렇게 전자 구름을 포함했을 때, 대다수 사람들은 원자핵 크기와 원자 전체 크기의 비율을 제대로 가늠하지 못합니다. 일반적인 원자 그림은 핵이 얼마나 작은지 제대로 표현하지 않거든요.

그러면 원자의 크기를 상상해 봅시다. 한번 원자 내부의 원자핵이 초콜릿 칩 크기가 될 때까지 원자를 확대해 볼까요? 이때 전자 구름은 얼마나 멀리 떨어져 있을까요? 여러분은 어떻게 생각하나요?

초콜릿 칩 크기의 원자핵을 축구 경기장의 정중앙 센터 마크에 놓는다면, 원자 전체의 크기를 결정하는 전자 구름은 저 뒤의 관중석에 위치합니다!

　사람들이 가끔 원자가 대부분 빈 공간으로 이루어져 있다고 이야기하는데, 그 이유가 바로 여기에 있습니다. 센터 마크에 놓인 초콜릿 칩과 관중석에서 시작하는 전자 구름 사이의 모든 공간이 텅 비어 있는 셈이지요. 실로 엄청난 양의 빈 공간입니다.

CHAPTER 4

쿠키 파티로
알아보는 퀴크
QUARKS EXPLAINED WITH
A COOKIE SWAP

미국에는 명절이나 축하 행사에 쿠키를 서로 나누는 즐거운 천통이 있습니다. 새로운 쿠키와 근사한 쿠키 레시피를 발견할 수 있는 아주 좋은 기회이지요. 여러분의 친구들 중 누군가가 '랜덤 쿠키 박스'를 교환하는 파티를 연다고 한번 가정해 볼까요? 파티에 참석하는 모두가 작은 상자에 예쁘게 포장된 쿠키를 가져오는 것이지요. 하지만 우리는 포장 속을 들여다볼 수 없고, 이 파티의 규칙상 몰래 엿보는 것도 허용되지 않습니다. 그러면 우리가 받은 쿠키가 어떤 쿠키인지 확인할 수 있는 방법은 없을까요?

만약 여러분이 실험물리학자라면, 가장 먼저 떠올릴 수 있는 방법은 쿠키 상자 2개를 엄청나게 빠른 속도로 서로 충돌사킨 다음, 잔해를 꼼꼼히 살펴가며 쿠키의 정체를 파악하는 거예요.

전자, 양성자, 중성자에 대해 간단하면서도 잘 들어맞는 멋진 이론적 모델을 만들고 나자, 물리학자들은 양성자를 아주 세게 부딪쳤을 때는 과연 어떤 일이 벌어질지 궁금해졌습니다. 양성자도 더 작은 조각들로 이루어져 있을까요?

이런 충돌 실험을 진행했을 때, 양성자는 검출이 가능한 더 작은 조각들로 부서지지 않았습니다. 오히려 질량이 거의 같거나 조금 더 무거운 새로운 유형의 입자들이 여러 개 생겨났지요. 마치 우리가 쿠키 상자들을 부딪쳤는데, 그 결과로 쿠키 조각들이 부서져 나오는 것이 아니라 완전히 다른 종류의 쿠키 상자들로 바뀐 것처럼 이상한 결과가 나타난 거예요.

결국 물리학자들은 이 '아원자 세상'의 새로운 구성 요소들을 모두 조사해 양성자와 중성자 내부에서 무슨 일이 일어나고 있는지를 기술하는 모델, 즉 쿼크 모델을 만들어 냈습니다.

다시 한번 우리의 랜덤 쿠키 박스 이야기로 돌아가 볼까요? 각각의 박스는 양성자나 중성자 같은 입자를 나타내는데, 이는 일반적으로 **중입자**baryon'라고 합니다. 모든 중입자 상자 안에는 3개의 쿠키가 들어 있어요. 쿠키는 초콜릿 칩, 오트밀, 설탕, 마카다미아 등 다양한 맛으로 구성되어 있지요. 이때 각각의 맛은 빨간색, 파란색, 초록색, 이렇게 세 가지 색으로 나뉩니다. 다시 말해, 빨간 오트밀, 파란 오트밀, 초록 오트밀, 빨간 설탕, 파란 설탕, 초록 설탕 등등이 존재하는 거예요.

빨간 초콜릿 칩

빨간 오트밀

빨간 설탕

빨간 마카다미아

파란 초콜릿 칩

파란 오트밀

파란 설탕

파란 마카다미아

초록 초콜릿 칩

초록 오트밀

초록 설탕

초록 마카다미아

쿼크 이론은 다음과 같은 규칙을 가지고 있습니다.

1. 모든 상자에는 쿠키가 반드시 3개 들어 있어야 한다.

2. 3개의 쿠키는 세 가지 다른 색이어야 한다. (빨강 하나, 파랑 하나, 초록 하나)

이 규칙만 지킨다면, 어떤 쿠키의 조합도 만들 수 있지요. 예를 들면,

○ 빨간 초콜릿 칩, 파란 초콜릿 칩, 초록 오트밀

○ 빨간 오트밀, 파란 설탕, 초록 마카다미아

○ 빨간 마카다미아, 파란 설탕, 초록 초콜릿 칩

쿠키 파티로 알아보는 쿼크

이 조합들은 쿼크 이론으로 만들 수 있는 세 가지 쿠키 꾸러미들이지요.

그런데 쿼크 이론에는 쿠키 상자에 대한 또 다른 규칙이 있습니다.

3. 상자는 그 안에 있는 쿠키들의 색이 아니라 맛에 따라 다른 특성을 가진다.

예를 들어, 오트밀 쿠키가 설탕 쿠키보다 더 무겁다고 가정해 볼게요. 그러면 설탕 쿠키 3개가 들어 있는 상자는 설탕 쿠키 하나와 오트밀 쿠키 2개가 들어 있는 상자보다 가볍겠지요. 하지만 상자들이,

○ 빨간 오트밀, 파란 설탕, 초록 설탕

○ 빨간 설탕, 파란 설탕, 초록 오트밀

이렇게 이루어져 있다면, 무게도 같고 맛도 같아서 다른 특성 또한 모두 동일하겠지요. 우리는 안을 들여다볼 수 없으니 우리에게는 두 상자가 정확히 같아 보일 거예요. 다시 말해, 상자들을 측정하는 것만으로는 두 상자를 구별할 수 없을 거예요.

쿼크 이론에서 '상자'는 양성자나 중성자 같은 입자를 의미합니다. 상자 안의 쿠키는 '쿼크quark'라고 하지요.

쿠키처럼 쿼크도 여러 가지 맛으로 존재합니다. 현재 우리가 알고 있는 쿼크의 맛은 여섯 가지뿐인데, 세 쌍으로 나뉘고, 각 쌍의 무게는 다 다릅니다. 가장 가벼운 2개는 '**위 쿼크**up quark'와 '**아래 쿼크**down quark'라고 합니다. 중간 무게의 쿼크들은 '**맵시 쿼크**charm quark'와 '**기묘 쿼크**strange quark', 마지막으로 쿼크들 중에서 가장 무거운 2개의 쿼크는 '**꼭대기 쿼크**top quark'와 '**바닥 쿼크**bottom quark'라고 합니다. 꼭대기 쿼크와 바닥 쿼크는 원래 '진실 쿼크'와 '아름다움 쿼크'로 불렸는데, 맵시 쿼크와 기묘 쿼크로 쿼크 이름을 지은 것도 이미 너무 지나쳤다고 생각해서인지 물리학자들은 쿼크 이론을 조금 더 진지하게 들리도록 만들었습니다.

자, 이 쿠키 상자 모델에서 위, 아래, 맵시, 기묘, 꼭대기, 바닥은 쿠키의 여러 맛들입니다. 그리고 이 여섯 가지 맛은 각각 빨간색, 파란색, 초록색, 이렇게 세 가지 색으로 표현할 수 있습니다.

양성자는 2개의 위 쿼크와 1개의 아래 쿼크로 이루어져 있습니다 (UUD). 중성자는 1개의 위 쿼크와 2개의 아래 쿼크로 이루어집니다 (UDD). 하지만 이것들이 유일한 조합은 아니겠지요? 쿼크의 독특한 조합은 서로 다른 특성을 가진 여러 입자를 만들어 냅니다. 일종의 레시피라고 할 수 있겠지요. 여기 몇 가지 조합과 물리학자들이 그 조합에 붙인 특이한 이름들이 있습니다.

- 시그마SIGMA = 위, 위, 기묘
- 람다LAMBDA = 위, 아래, 기묘
- 참 크사이 프라임CHARM XI PRIME = 위, 기묘, 맵시
- 더블 참 바텀 오메가DOUBLE CHARM BOTTOM OMEGA = 맵시, 맵시, 바닥

양성자(UUD)와 중성자(UDD)가 아닌 쿼크 맛의 다른 모든 조합들은 믿기 어려울 정도로 그 수명이 짧습니다. 1조분의 1초, 때로는 그보다 더 짧지요. 하지만 우리는 입자 검출기를 통해 수명이 짧은 그런 입자들을 관찰할 뿐만 아니라 그 특성도 확인할 수 있습니다.

이런 입자들을 쿠키 3개가 들어 있는 상자에 비유하는 것이 현실에서 일어나고 있는 일을 이해하는 데 도움은 되지만, 사실 현실은 그보다 훨씬 복잡하답니다.

우선, 쿠키를 담고 있는 '상자'에 대응하는 것은 실제 세계에서는 존재하지 않아요. 이 쿼크 입자들은 '어떤 것' 안에 들어 있는 것이 아니지요. 그 대신 **글루온**gluon이라는 특별한 입자가 쿼크를 서로 붙잡아주는 역할을 합니다. 글루온이라는 이름 자체가 어떤 역할을 하는지 그 의미를 아주 잘 나타내 주고 있어요. 'glue'에 접착제라는 뜻이 있으니까요. 글루온은 1장에서 이야기한 네 가지 기본 힘 중 하나인

강력을 전달합니다. 쿼크 사이를 연결하는 작은 용수철인 셈이지요.

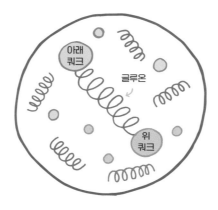

또 한 가지 분명히 하고 싶은 점은 비록 쿼크가 '빨강', '파랑', '초록', 이렇게 세 가지 색으로 존재한다고 이야기하기는 했지만 이것들이 실제 색깔은 아니라는 거예요. 부디 오해하지 않았으면 좋겠어요. 이것들은 그 저 세 가지 종류로 존재하는 쿼크의 특성을 나타내는 이름일 뿐이에요. 'X', 'Y', 'Z'라고 부르거나, '가위', '바위', '보'라고 부르거나, '도널드', '휴이', '루이'라고 불렀어도 아무런 문제가 없습니다. '빨강', '파랑', '초록'은 그저 세 가지 유형을 지칭하기 위한 단어일 뿐이니까요. 만약 쿼크를 직접 볼 수 있더라도 그것들에 색깔이 있을 것이라고 생각하면 안 됩니다.

쿼크 말고도, 우리는 몇몇 다른 기본 입자들이 있다는 것을 알고 있습니다. 여러 기본 입자 중에서 전자는 **렙톤**lepton이라는 가장 단순한 유형의 입자입니다.

쿼크에 세 가지 '세대generation', 그러니까 위/아래, 맵시/기묘, 꼭대기/바닥이 존재하는 것처럼, 렙톤에도 세 가지 세대가 있습니다. 전자, 뮤온muon, 타우 입자tauon이지요. 그리고 이 각각의 세대에는 중성미자neutrino라고 불리는 파트너가 있습니다. 우리가 아는 한, 렙톤과 중성미자를 이루는 더 작은 입자는 없습니다. 다시 말해, 렙톤과 중성미자가 기본 입자들인 것이지요.

렙톤과 중성미자의 이름이나 그 세부 성질들이 중요하지는 않아요. 그저 그다지 많지 않은 몇 개의 기본 입자들이 있고, 그것들이 한눈에 알아볼 수 있을 만큼 잘 정리되어 있다는 것을 여러분에게 소개한 것이랍니다.

이 12개의 입자, 즉 6개의 쿼크, 3개의 렙톤, 그리고 3개의 중성미자는 '**표준 모형**Standard Model'이라고 불리는 것의 토대를 형성합니다. 여기 표준 모형을 보여주는 그림이 있습니다.

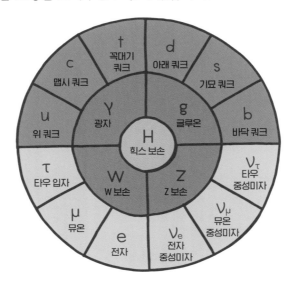

아직 소개하지 않은 몇 개의 입자들도 보이지요? 우리가 단지 네 가지 힘만을 알고 있다는 1장의 내용을 기억할 거예요. 양자역학에서 힘은 입자에 의해 전달됩니다. 전자기력은 빛의 입자인 광자^{photon}에 의해 전달되지요. 쿼크를 함께 서로 연결하는 강력은 글루온에 의해 전달되고요. 마찬가지로 Z 보손과 W 보손도 힘을 전달하는데, 이것들은 약력을 전달합니다. 마지막으로 힉스 입자는 모든 입자에 질량을 부여하는 역할을 하지요. 힉스 입자는 1964년에 처음 그 존재를 예측했지만, 2013년이 되어서야 실험에서 발견되었습니다.

표준 모형은 우주의 가장 작은 요소에 대해 우리가 알고 있는 모든 것을 설명합니다. 하지만 쿼크와 렙톤의 세 가지 세대는 이 모든 것의 근원에 더 심오한 무언가가 존재할 것이라는 생각을 불러일으킵니다. 이 주제는 잠시 접어두고 나중에 「16장: 초콜릿 칩으로 알아보는 빅뱅」에서 다시 살펴도록 합시다.

세상에는 쿠키와 같이 정말 다양한 종류의 제과 제품들이 있어요. 그렇지만 모든 제과 제품을 만드는 핵심은 대부분 동일한 재료로 구성되어 있습니다. 서로 다른 비율로 섞고, 다른 방법으로 반죽하고, 서로 다른 시간과 온도에서 구울 뿐이지요. 마찬가지로, 여러분 주변에 있는 모든 것도 단지 몇 개의 요소들이 셀 수 없을 정도로 많은 수의 방식과 조합으로 구성되어 있을 뿐입니다. 이 사실에서 어떤 위안이나 경이로움이 느껴지지 않나요?

CHAPTER 5

우유와 쿠키로 알아보는
양자역학
QUANTUM MECHANICS EXPLAINED WITH
MILK AND COOKIES

어렸을 때 저는 오레오 쿠키를 우유에 담가 먹고는 했어요.

쿠키를 우유에 담그면, 쿠키가 우유에 닿는 지점으로부터 퍼져나가는 파동이 생깁니다. 유리잔 안에서는 파동을 보기 어려워요. 하지만 큰 그릇에 쿠키를 조금 더 빠른 속도로 담그면, 파동이 바깥으로 움직이는 모습이 보일 거예요.

수 세기 동안 과학자들은 오레오 쿠키 같은 입자particle와 우유에 번지는 파동wave을 구분해 왔어요. 입자와 파동은 서로 다른 별개의 현상이었지요. 어떤 것이 입자처럼 행동하거나 파동처럼 행동할 수는 있지만, 입자처럼 행동하면서 파동처럼 행동할 수는 없었어요. 그러던 20세기 초, 몇몇 실험 때문에 입자와 파동의 구분에 균열이

가기 시작했습니다. 파동과 입자가 훨씬 더 복잡한 동전의 양면과 같다는 사실을 깨닫게 되었지요. 이런 복잡한 상황을 설명하는 새로운 이론은 '**양자역학**quantum mechanics'이라고 불렸는데, 이것은 말 그대로 현실에 대한 우리의 인식을 완전히 뒤집어 놓았어요.

파동은 몇 가지 매개변수로 정의할 수 있습니다. **진폭**amplitude은 파동의 높이예요. **파장**wavelength은 파동의 마루(꼭대기)에서 다음 마루까지의 거리이고, **속도**speed는 파동이 빠르게 움직이는 정도예요. 여러분도 아마 '**주파수**frequency'라는 단어를 자주 들어보았을 거예요. 일정한 지점에서 파동을 지켜보면서 1초 동안 파동의 마루가 몇 번이나 보이는지를 나타내는 용어지요. 파장과 주파수, 그리고 속도는 서로 관련 있습니다. 이 가운데 두 가지 변수를 알고 있으면 나머지 하나의 값을 알아낼 수 있지요.

파동은 서로 간섭한다는 점을 포함해 여러 가지 재미있는 특징들이 있어요. 2개의 파동을 서로 겹치면, 두 파동이 더해진 새로운 파동이 만들어집니다. 다음 그림에서 두 파동은 마루와 골(파동에서 가장 낮은 부분)이 같은 시점에 일어나고 있어요. 그래서 이 두 파동을

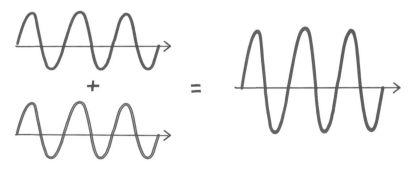

우유와 쿠키로 알아보는 양자역학

겹치면 더해진 파동은 2배의 진폭을 가질 거예요. 이 파동이 음파라면, 소리는 2배로 커지겠지요.

이번에는 다른 그림을 볼까요? 파동의 크기는 같지만, 한 파동의 마루가 있는 시점에 다른 파동의 골이 위치하고 있어요. 이 파동을 더하면 어떻게 될까요? 그림에 보이는 세 번째 파동처럼 평평해질 거예요! 두 파동이 서로를 완전히 상쇄하는 것이지요.

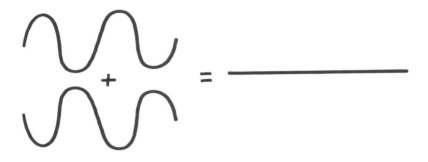

노이즈 캔슬링 헤드폰의 작동 원리도 바로 여기에 있습니다. 헤드폰은 소음을 감지해서 분석하고, 소음을 상쇄시키는 반대의 파동을 만들어 내요. 하지만 이 작업을 정확하게 수행하는 것이 매우 중요합니다. 상쇄 파동의 생성 시간이 아주 조금만 어긋나도 오히려 소음이 더 커질 수 있거든요!

이 방법은 사실 꽤나 멋지면서도 유용하답니다. 헤드폰으로 두 파동을 하나씩 따로 재생하면, 여러분은 주위 소음을 들을 수 있을 거예요. 그리고 두 파동에서 생기는 소음 모두 정확히 같은 소리로 들리겠지요. 하지만 이 두 소음을 동시에 재생하면 아무 소리도 들리지 않게 되는 것이지요. 마치 정확한 타이밍에 쿠키 2개를 우유에 담그면 우유의 파동이 전혀 생기지 않는 것과 같아요. 쿠키가 스텔스 전투기처럼 모습을 감추는 것이지요.

이렇게 파동이 상호작용하면서 진폭의 세기를 증가시키거나 상쇄하는 현상을 '**간섭**interference'이라고 합니다.

입자는 간섭을 일으키지 않아요. 제가 여러분에게 쿠키 2개를 던진다면, 던지는 시간 간격과 상관없이 여러분은 쿠키 2개에 맞겠지요.

우유와 쿠키, 파동과 입자 사이에는 차이가 있어요. 파동은 서로 간섭을 일으키지만 입자는 그러지 않으니까요.

빛도 간섭 무늬interference pattern를 만들 수 있어요. 빛의 파동을 겹치면 빛이 더 강해지거나 상쇄되기도 합니다. 이런 현상이 바로 과학자들로 하여금 빛이 파동이라는 것을 인지하게 한 관측 결과 중 하나지요.

하지만 20세기 초, 빛이 파동이라는 이런 견해에 문제가 생기기 시작했습니다.

잠깐 쿠키 하나 먹어볼까?

우유와 쿠키로 알아보는 양자역학

이 그림은 핸드폰으로 저를 찍은 모습을 그린 거예요. 핸드폰에 내장된 카메라는 빛을 '포토디텍터(광검출기)'라고 부르는 특수한 칩 위로 모아서 사진을 만들어 내지요.

어떤 물질은 빛을 받으면 전기를 발생시킵니다. 금속이 좋은 예입니다. 금속 안에 있는 전자들은 원자에 그다지 강하게 매여 있지 않고 어느 정도 자유롭게 움직이는데, 이것이 바로 금속이 전기가 잘 흐르는 도체인 이유입니다. 전자들이 움직이면서 전류를 발생시키거든요.

금속에 빛을 쏘면 전자가 튕겨 나올 수도 있습니다. 이렇게 전자를 잃은 금속은 양전하를 띠게 되지요. 이 원리가 바로 여러분의 핸드폰이 특정 지점에 빛이 닿았는지 확인하는 방법이에요. 핸드폰의 광검출기는 매우 조밀한 격자를 이루고 있는데, 격자에서 각각의 영역은 받은 빛의 양을 개별적으로 확인합니다. 이 방법으로 핸드폰 내장 카메라가 들어오는 빛으로 사진을 만들어 내는 것입니다. 한편, 같은 효과를 다르게 이용하면 태양광 패널을 작동시킬 수도 있습니다.

하지만 1900년대 초, 과학자들은 이런 전자에서 이상한 특성들을 발견하기 시작했습니다. 예를 들어, 과학자들은 금속에 더 밝은 빛을 비추면 튕겨 나가는 전자의 에너지도 더 클 것이라고 예상했습니다. 하지만 그렇지 않았습니다. 전자의 에너지를 증가시키기 위해서는 빛의 세기가 아니라 '색'을 바꾸어야만 했습니다. 다시 말해, 빨간색 빛에는 특정 에너지를 가진 전자가 튕겨 나오고, 주파수가 더 높은 파란색 빛에는 더 높은 에너지를 가진 전자가 튕겨 나왔지요.

알베르트 아인슈타인은 이러한 현상과 함께, 그동안 설명되지 않던 다른 여러 현상을 연구하면서 빛과 관련된 새로운 이론을 발표했습니다. 아인슈타인은 빛이 일반적으로 우리가 생각하는 고전적인 파동이 아니라고 주장했습니다. 빛이 광자라는 입자들로 구성되어 있고, 각각의 광자가 색을 결정하는 일정한 양의 에너지를 가지고 있다는 것이었지요.

빨간색 광자는 언제나 같은 양의 에너지를 가지고, 파란색 광자는 빨간색 광자보다 더 많은 양의 에너지를 가지고 있습니다. 더 밝은 빨간색 빛에는 더 많은 광자들이 포함되어 있지만, 빨간색 광자 하나하나는 여전히 같은 양의 에너지를 가지고 있지요.

빛은 단순한 파동이 아니에요. 입자처럼 행동하기도 합니다.

하지만 과학자들은 입자 역시 처음 생각했던 것과 다르다는 것을 깨달았습니다. 처음 전자를 발견했을 때, 전자는 입자처럼 보였습니다. 질량을 가지고 있었거든요.

하지만 실험과 이론은 전자도 파동처럼 행동할 수 있다는 것을 보여주었습니다. 전자도 파동처럼 간섭 무늬를 만들었던 거예요!

말하자면, 우유가 쿠키이고 쿠키가 우유였던 거예요.

양자역학의 이론과 방정식은 어떻게 모든 것이 우유이면서 쿠키, 즉 파동이면서 입자일 수 있는지를 설명하기 위해 도입되었습니다.

모든 것이 우유인 동시에 쿠키라면, 우리는 전자(또는 다른 작은 물

우유와 쿠키로 알아보는 양자역학

체)가 어디에 있는지, 어떤 에너지를 가지고 있는지 정확히 말할 수 없습니다. 전자가 놓일 수 있는 위치는 넓은 공간에 퍼져 있는데, 이 것은 부분적으로 물체가 지닌 파동의 특성과 관련 있습니다. 우리는 파동이 어디에 있는지 정확히 콕 집어 말할 수 없습니다.

양자역학은 특정 지점에서, 또는 특정 에너지를 갖는 입자를 찾을 **확률**probability을 계산할 수 있도록 해줍니다. 입자가 정확히 어디에 있는지, 또는 얼마나 빠르게 움직이고 있는지는 말해주지 않아요.

같은 실험을 반복하더라도, 매번 입자를 어디에서 찾을지 정확히 알 수 없습니다. 단 한 번 이루어지는 실험의 결과를 예측할 수는 없습니다. 하지만 가능한 측정값의 분포와 시간에 따른 평균 측정값은 매우 정확히 예측 가능하답니다.

주사위 2개를 한 번 던졌을 때는 두 주사위의 합이 어떤 값이 나올지 알 수 없겠지요. 하지만 36분의 1의 확률로 12가 나올 것이라는 것은 예측할 수 있습니다. 그리고 오랜 시간에 걸쳐 여러 번 던지면, 주사위 2개의 합은 평균 7이 될 거예요.

이것이 바로 우리에게 익숙한 원자 모형, 즉 전자가 핵 주위를 공전하는 그림이 많은 오해의 소지가 있는 이유랍니다. 전자는 공간을 부드럽게 가로지르지 않아요. 그래서 전자의 가능한 위치는 구름 같은 형태로 표현하는 것이 더 적절합니다.

여기까지 설명을 듣고 나면, 여러분은 우리가 전자의 정확한 위치를 모를 뿐이지, 전자는 항상 어떤 순간에 정확히 어떤 위치에 존재한다고 생각할 수도 있어요. 우리는 그저 그 위치가 어디인지 모를 뿐이라고요.

여러분이 이렇게 생각하고 있다면, 여러분과 똑같이 생각한 유명한 과학자가 있습니다. 바로 아인슈타인입니다. 하지만 여러분과 아인슈타인, 모두 틀렸습니다. 양자역학이 탄생한 이후로 수십 년간 모든 실험에서 입자가 측정되기 전까지는 정확한 위치를 가지고 있지 않다는 것이 밝혀졌기 때문이에요.

아인슈타인은 "신은 주사위 놀이를 하지 않는다"라는 유명한 말을 남겼습니다. 입자가 측정되기 전까지는 실제로 확실한 위치를 가지고 있지 않다는 양자역학의 핵심 아이디어에 동의하지 않는다는 말이었지요. 하지만 입자는 근본적으로 무작위 상태에 있습니다.

이렇게 양자역학은 '천재 물리학자'라고 불리는 아인슈타인조차 틀리게 할 정도로 이해하기 어렵습니다. 일상에서는 거의 일어나지 않는 현실을 기술하고 있거든요. 원자의 구조를 입자이자 파동으로 설명하는 양자역학의 기초를 다진 닐스 보어Niels Bohr는 유명한 말 하나를 남겼습니다. "양자 이론에 충격을 받지 않는 사람은 그것을 이해하지 못한 것이다." 그리고 수십 년이 지나, '양자전기역학QED'으로 불리는 현대 이론의 발전에 기여한 리처드 파인먼Richard Feynman은 이렇게 말했지요. "나는 어느 누구도 양자역학을 이해하지 못했다고 확신한다."

양자역학이 철학적으로 무엇을 '의미'하는지 설명하기 위해 많은 이들이 노력했지만, 이해는 물론 그에 대한 합의도 제대로 이루어지지 않았어요. 그래서 이 책에서는 양자역학에 대해 깊이 다루지는 않을 것입니다. 그럼에도 양자역학에 대해 더 자세히 알고 싶다면, 이 책 마지막에 실린 추천 도서를 참고하세요. 양자역학을 더 깊이 탐구할 수 있을 거예요.

하지만 이 점은 꼭 강조하고 싶습니다. **양자역학은 인류가 지금까지 발견한 이론들 가운데 가장 정확하고 성공적인 이론입니다.** 이상하게 들릴 수도 있지만, 사실이랍니다.

예를 들어, '뮤온 g-2'라고 불리는 측정값이 있는데, 양자역학은 이 값이 이론적으로 다음과 같다고 예측합니다.

2.0023318418

그리고 2021년, 아주 정밀한 실험을 통해 측정한 값은 아래와 같습니다.

2.0023318462

매의 눈을 가진 사람이라면, 마지막 두 자리 숫자, 즉 18 대신 62라는 점만 다르고 예측한 값과 같다는 것을 단번에 확인할 수 있을 거예요.

그런데 이러한 아주 미세한 차이가 물리학자들의 이목을 사로잡았습니다. 이 작은 차이는 이론으로 설명할 수 없는 어떤 상호작용이나 새로운 유형의 입자가 존재한다는 것을 암시합니다. 이것이 새로운 물리학으로 향하는 문을 열 수도 있는 것이지요.

앞의 사례는 양자역학의 정확성이 얼마나 높은지를 보여줍니다. 새로운 발견을 하려면 아주 작은 오차를 찾아내야 할 정도로요. 대부분의 예측은 정확히 들어맞습니다. 모든 기이한 특성에도 불구하고 양자역학은 실제 세계에서 우리가 측정하고자 하는 것을 놀라울 만큼 잘 설명해 냅니다.

양자역학은 근본적으로 그 어떤 것도 확실히 정해져 있지 않다고 말합니다. 달리 말하면, 모든 것이 무작위적이라는 것이지요. 하지만 에너지와 입자의 움직임이 완전히 무작위적이라면, 어떻게 이 모든 것들이 제대로 굴러갈 수 있는 것일까요? 저는 지금 의자에 앉아 있는데, 의자를 이루고 있는 원자들이 갑자기 모두 왼쪽으로 1미터 이동한다면, 저는 곧장 바닥으로 떨어지고 말 것입니다. 비록 의자에 앉으려다가 실수로 어설프게 넘어질 수는 있어도, 의자가 저절로 위치를 바꾸는 일은 없지요. 왜 일상생활에서는 양자역학의 무작위성을 경험하지 못하는 것일까요?

이 질문에 답하려면, 우리는 쿠키를 높이 던져보아야 합니다. 여기 맛있는 쿠키들이 있습니다.

때로는 쿠키를 먹음직스럽고 보기 좋게 만들기 위해 다양한 크림으로 장식하는데, 우리의 쿠키도 한쪽 면에 이런 크림으로 장식되어 있습니다. 먹기에 조금 더 편하게요.

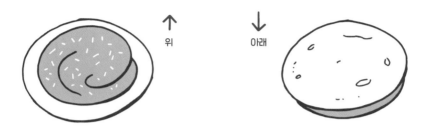

똑같이 생긴 쿠키들을 공중에 던지면, 절반은 크림이 있는 쪽이 위를 향할 것이고, 절반은 아래를 향할 거예요.

쿠키 2개를 던지면, 바닥에 떨어진 모양의 경우의 수는 네 가지입니다.

이렇게 2개의 쿠키를 던져서 나오는 모든 경우의 수 중에서 절반의 경우는 한 쿠키는 크림이 위를, 다른 하나는 아래를 향합니다. 나머지 절반의 경우는 쿠키의 크림이 둘 다 위를 향하거나, 둘 다 아래를 향하는 경우겠지요.

자, 쿠키 10개를 던진다면 어떨까요? 이 경우 쿠키 10개의 크림이 모두 위나 아래를 향할 확률은 약 0.2%에 불과합니다. 500분의 1의 확률이지요. 대부분의 결과에서는 절반 가까이가 쿠키의 크림이 위를 나머지 절반 가까이가 아래를 향할 거예요. 크림이 위를 향하는 쿠키가 4개, 5개, 또는 6개일 확률은 85%에 이르지요.

쿠키 10개의 크림이 전부 위나 아래로 향할 확률이 0.2%이기 때문에, 크림이 위를 향하는 쿠키가 1개에서 9개 사이일 확률은 99.8%입니다. 여기 쿠키 크림이 위를 향하는 개수를 보여주는 수직선 그림이 있습니다. 갈색 영역이 99%의 확률을 나타내는 구간입니다. 쿠키 10개를 던졌을 때, 크림이 위를 향하는 쿠키의 개수가 이 갈색 영역에 들어갈 확률이 99%라는 말이지요.

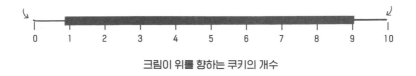

크림이 위를 향하는 쿠키의 개수

이번에는 쿠키 100개를 던져봅시다. 다음 그림에서 볼 수 있듯이, 쿠키의 크림이 위를 향하는 쿠키 개수의 99% 구간은 대략 35개에서 65개 사이입니다. 즉, 무작위로 던진 쿠키 100개 중에서 크림이 위로 향하는 쿠키의 개수가 대략 35개에서 65개 사이일 확률이 99%라는 의미입니다.

우유와 쿠키로 알아보는 양자역학

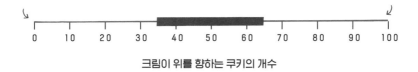

크림이 위를 향하는 쿠키의 개수

여기 쿠키 1,000개, 100만 개, 10억 개에 대한 99% 구간이 갈색 영역으로 표시되어 있습니다.

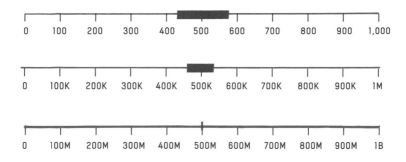

쿠키 10억 개에 대한 99% 구간은 거의 보이지 않을 정도로 좁습니다. 10억 개의 쿠키를 던졌을 때 크림이 위를 향하는 쿠키의 개수가 이 작은 갈색 영역에 들어간다고 꽤 확신할 수 있지요.

이 책을 시작할 때 쿠키 1개를 구성하는 원자들의 수가 우주에 존재하는 별들의 개수와 비슷하다고 이야기한 것을 기억하나요? 10^{24} 개에 달합니다. 1 다음에 0이 24개나 이어지는 어마어마하게 큰 수입니다. 이에 비해 10억은 1 다음에 0이 9개에 불과하지요. 쿠키를 구성하는 원자의 개수에 비하면 훨씬 작은 수입니다.

자, 이쯤이면 아마도 어떤 말을 하고 싶은지 짐작했을 것입니다. 이제 쿠키를 구성하는 원자 개수의 99% 구간은 이 책에서 표현하기에는 너무 좁아졌습니다. 사실, 그 영역의 폭은 원자의 지름보다도 작답니다.

이 99%의 구간을 이 책의 폭만큼 확대한다고 해봅시다. 그러면 선의 전체 길이는 얼마나 될까요? 그 길이는 지구에서 달까지의 거리와 맞먹습니다.

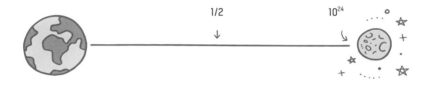

그래서 이제는 모든 미시적인 입자들이 무작위로 움직인다 하더라도 쿠키에 아무 일도 일어나지 않는다는 사실이 전혀 이상하지 않습니다. 오히려 쿠키를 이루는 모든 원자가 동시에 오른쪽으로 움직이는 상황이야말로 이상한 일이 되는 것이지요. 물론 모든 원자가 일제히 오른쪽으로 움직일 확률이 전혀 없는 것은 아니에요. 하지만 그런 일이 벌어질 가능성은 너무나도 작아서, 우주의 수명이 몇 번이고 반복되어야 비로소 한 번 일어날 것입니다.

이것이 바로 우리가 너무나도 이상한 양자의 세계에서 일상의 세계로 건너오는 방식입니다. 무작위로 발생하는 현상이라 할지라도 대개는 예측 가능하지요. 예를 들어, 친구에게 쿠키를 던졌는데 그 쿠키가 친구를 통과해 반대편으로 날아가 버리는 일은 일어나지 않을 것입니다. 하지만 여러분이 먹을 쿠키가 줄어들고 쿠키를 맞은 친구가 상당히 짜증 내리라는 것은 충분히 예측할 수 있겠지요?

CHAPTER 6

버터와 베이킹 대회로 알아보는 진화

EVOLUTION EXPLAINED WITH BUTTER AND A BAKING COMPETITION

버터는 쿠키에 촉촉하면서도 쫄깃한 질감을 안겨줍니다. 그리고 물론 버터는 우유로 만들지요. 동물이 우유를 만들어 낸다는 것은 포유류를 구분 짓는 핵심적인 특징 중 하나입니다. 조금 더 전문적으로 말해, 과학적 분류상 '포유강'이라고 합니다. 인간은 너무나도 자연스럽게 비슷해 보이는 것들을 하나로 묶습니다. 우리는 개와 늑대가 서로 밀접한 관련이 있고, 고양이와 사자가 비슷하다는 것을 직감적으로 알 수 있습니다. 인간이 곤충보다는 사슴과 더 가깝고, 나무보다는 곤충과 더 가깝다는 것도 알 수 있지요. 생명의 복잡성과 다양성에도 불구하고, 우리는 그 안에 어떤 구조적인 질서가 있음을 본능적으로 느낍니다.

아원자 입자든, 식물이든, 동물이든 이런 구조적인 패턴을 발견할 수 있다는 것은 구조적인 패턴이 어떤 근본적인 작동 원리에서 기인한다는 것을 시사합니다. 원자의 경우에는 주기율표가 그런 구조적인 패턴이고(3장), 아원자 입자의 경우에는 표준 모형이 그런 역할을 합니다(4장). 살아 있는 생물의 경우에는 구조적인 패턴이 무엇일까요? 바로 **진화**evolution입니다. 이 근본적인 원리를 종합한 것이 바로 1859년에 출간된 찰스 다윈Charles Darwin의 『종의 기원On the Origin of Species』이었습니다. 다윈은 『종의 기원』에서 **자연선택에 의한 진화**evolution by natural selection를 명쾌하게 설명합니다.

진화의 핵심적인 아이디어는 같은 종 안에서도 모든 생물에 **변이**variation가 존재하고, 그 변이가 다음 세대의 특성을 결정짓는다는 것입니다. 예를 들어, 어떤 사슴은 다른 사슴보다 훨씬 빠르게 달리거나 적은 먹이로도 생존할 수 있습니다. 이러한 변이(차이)는 사슴이 생존하고 번식할 가능성에 영향을 미칩니다. 그래서 어떤 변이는 후대 사슴들에게도 계속 전달되어 그 변이를 가진 사슴 무리는 환경에 점점 더 잘 적응하게 됩니다.

다윈은 자신의 이론을 설명하며 이렇게 말했습니다. "만약 어떤 복잡한 기관이 존재하는데, 그 복잡한 기관이 수많은 연속적인 작은 변이들로 형성될 수 없다는 것이 입증된다면, 내 이론은 완전히 무너질 것입니다." 진화론에 비판적이었던 이들은 즉각 진화론의 핵심인 자연선택의 허점을 찾기 위해 나섰습니다. 초기에 제기된 문제 중 하나가 바로 포유류의 젖 생산에 관한 것이었습니다. 포유류가 젖을 만들어 내는 시스템은 믿기 힘들 만큼 복잡한데, 포유류는 어떻게 새끼에게 젖을 먹이게 되었을까요?

다윈은 『종의 기원』 6쇄에서 이 반론을 다루면서, 포유류의 젖먹이에 관한 내용에 한 장을 통째로 할애했습니다. 다윈은 바닷속 해마가 알과 새끼를 육아낭에서 기른다는 점에 주목했습니다. 그러고는 포유류의 조상에게도 주머니가 있었을 것이고 그 안에서 자라는 새끼를 위해 영양분이 풍부한 액체, 즉 젖을 분비하는 샘이 있었을 것이라고 추측했습니다.

다윈의 주장이 완전히 맞다고 볼 수는 없지만, 사실에 상당히 근접했습니다. 현재 우리는 포유류에서 젖이 어떻게 생성되는지, 그리고 젖샘이 어떻게 진화했는지에 대해 꽤나 잘 이해하고 있는데, 초기 공룡에서부터 단계적으로 발전해 온 과정을 정확히 추적할 수도 있습니다. 눈의 진화와 같이 진화를 반박하기 위해 제시된 여러 다른 기관들처럼, 젖샘의 발달 과정도 충분히 규명되었습니다.

진화가 무엇이고 어떻게 작동하는지 더 자세히 알아보기 위해, 우리는 이제 쿠키 베이킹 대회에 참가해 보려고 합니다. 재치 있는 생각 아닌가요? 최소한 맛있는 쿠키는 먹을 수 있을 테니까요!

이왕 대회에 참여하는 이상, 정말정말 우승하고 싶습니다. 저에게는 우리 엄마의 쿠키 레시피라는 아주 강력한 무기가 있습니다. 하지만 (엄마에게는 미안하지만) 이것이 최고의 쿠키 레시피라는 것은 잘 모르겠어요. 설탕을 3/4컵 대신 1컵을 쓰면 어떨까요? 아니면 1/2컵을 쓴다면? 190℃ 대신 200℃에서 5분만 구워보면 어떨까요?

정말이지 맛있는 쿠키를 만드는 유일한 방법은 재료의 양, 조리 시
간이나 온도를 달리해 보고, 그 결과를 맛보는 거예요. 맛이 더 좋으
면, 다시 시도해 보면서 그 방향으로 더 나아가 보는 것이지요. 10분
대신 9분 동안 구웠는데 쿠키 맛이 더 좋다면, 8분 동안 구웠을 때 어
떤지 확인해 보는 식이에요.

매번 구울 때마다 바꿀 수 있는 변수가 많지만, 우리는 시간과 온
도만 가지고 실험해 보기로 해요. 다양한 온도와 시간으로 쿠키를
여러 번 구워보면서, 아래와 같은 도표를 만들어 볼게요.

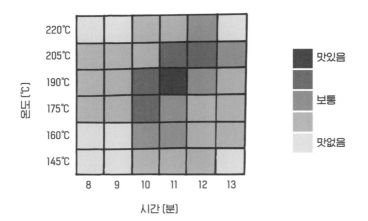

쿠키가 맛있으면, 그 칸을 진한 파랑으로 칠하는 거예요. 쿠키 맛
이 평범하면 중간 파랑으로, 쿠키 맛이 나쁘면 연한 파랑으로 칠해
봅시다. 색이 진할수록 맛있고, 연할수록 맛이 없는 것이지요.

자, 보세요! 약 190℃에서 11분간 구웠더니 엄마의 레시피에 적혀

있던 10분보다도 더 맛있다는 것을 확인했습니다. 이제 우리가 최고의 쿠키를 만들고 있다는 자신감이 생겼네요. 바삭바삭하고 아삭한 쿠키를 좋아하는데, 그것을 가능하게 하는 조합을 찾았습니다.

그런데 더 나은 쿠키 레시피를 찾아가는 이 과정이 바로 진화가 일어나는 과정과 정말 닮아 있어요.

진화가 일어나려면 다음과 같은 것들이 필요합니다.

1. 무언가를 만드는 방법에 대한 설명서.
2. 그 설명서를 수정하는 방법.
3. 만들어진 무언가를 평가하는 기준.

쿠키로 예를 들면, 설명서는 우리가 가지고 있는 쿠키 레시피, 설명서의 개선은 더 맛있는 쿠키를 위해 우리가 시도하는 다양한 레시피 실험, 평가 기준은 우리가 쿠키를 맛보는 것입니다.

앞의 세 가지를 그대로 자연계에 적용해 보면, 자연계에서 설명서는 DNA, 즉 모든 세포 안에 담겨 있는 유전 인자예요. 그리고 설명서는 돌연변이mutation(복제 실수를 세련되게 부르는 말이에요)와 조합 combination(부모로부터 물려받는 DNA가 섞이는 과정이지요)을 거치며 변합니다. 그리고 평가 기준은 그 생물이 사는 환경입니다. 자신과 같은 개체를 번식을 통해 많이 만들어 내는 것이 얼마나 유리한지가 중요한 기준이 되지요.

11분간 구운 새로운 쿠키 레시피를 들고 대회에 참여했지만, 안타깝

버터와 베이킹 대회로 알아보는 진화

게도 우승하지는 못했습니다. 왜 우승하지 못했을까요? 과학적으로 쿠키를 테스트해 보고 어떤 쿠키가 최고인지 확인했는데 말입니다!

우승 쿠키를 시식해 보니, 우리가 좋아하는 바삭함은 없고 쫀득함을 가지고 있었어요. 우리가 생각한 '최고'의 정의, 즉 고소하고 바삭한 쿠키가 심사위원들이 생각하는 '최고'와는 달랐던 것이지요. 심사위원들은 초콜릿 칩 쿠키가 쫀득하기를 선호하더라고요.

자연에서도 비슷한 일이 일어납니다. 객관적으로 '최고'인 식물이나 동물은 없어요. 특정 환경에서는 최고일 수 있지요. 하지만 환경은 변하고, 이전에 최고였던 것이 더 이상 최고가 아닐 수 있습니다. 기후 위기나 빙하기, 또는 동물이나 식물이 새로운 지역으로 뻗어 나가려고 하거나 다른 생물들이 변하는 과정에서도 이런 환경 변화가 생길 수 있지요. 이 모든 것들이 '최고'의 정의를 바꿉니다.

그래서 복잡성은 항상 증가한다거나, 동물이 항상 더 똑똑한 지능을 가지는 쪽으로 변한다는 식으로 진화에 방향이 있다는 말은 잘못된 거예요. 진화를 움직이는 요인은 변하는 환경 안에서 작용하기 때문입니다.

사실 우리가 다루고 있는 쿠키 대회를 진화에 비유하는 데는 한계가 있습니다. 최고의 쿠키를 만들기 위해 우리는 의도적으로 시간과 온도를 다양하게 바꾸었지만, 자연의 진화에는 '의도'라는 것이 없기 때문입니다.

그러면 우리의 비유에서 두 가지를 바꾸어 봅시다.

먼저, 조심성 없는 요리사가 쿠키를 만든다고 해봅시다. 레시피가 있지만, 10분 동안 구워야 하는 쿠키를 어떤 때는 덤벙대다가 9분, 또 어떤 때는 시간 가는 줄 모르고 11분간 굽는 사람이지요. 설명서에는 설탕을 3/4컵을 넣으라고 되어 있지만, 이 요리사는 대충 눈대중으로 쿠키를 만들다 보니 때로는 설탕을 넘치게 넣고 때로는 부족하게 넣습니다. (솔직히 말하면, 제가 요리하는 방식과 별반 다르지 않아요.)

또한 우리가 구운 많은 쿠키들은 서로 조금씩 다릅니다. 평균적으로는 레시피와 일치하지만, 쿠키마다 약간의 차이가 있지요. 우리가 꼼꼼하지는 못하지만, 그래도 쿠키들이 구워지는 시간과 온도를 기록해 앞에서 보았던 도표의 칸을 채운다고 가정해 봅시다.

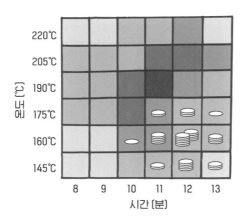

우리가 가진 레시피에는 160℃에서 12분 동안 굽는 것으로 적혀 있으니, 대부분의 쿠키는 그것에 해당하는 칸 안에 들어갈 것입니다. 하지만 항상 기계처럼 정확할 수는 없으니, 그 주변의 다른 칸들

에도 쿠키가 채워지겠지요. 마치 쿠키 구름처럼 보일 거예요.

진화에서는 이를 **개체군**population이라고 합니다. 그 안의 모든 개체
는 서로 비슷하지만 똑같지는 않지요.

만약 우리가 이 쿠키들을 대회에 가지고 가면, 사람들이 어떤 쿠
키를 가장 선호하는지 파악할 수 있을 것입니다. 그러면 다음번에는
사람들이 좋아하지 않는 쿠키는 만들지 않고, 사람들이 좋아하는 쿠
키만 만들어 갈 수 있겠지요.

다음 표에서 보이는 것처럼, 중간 진하기 정도의 파란색을 가진
칸에 있는 쿠키가 가장 인기 있었습니다. 다음번 대회에 참가할 때
는 그 칸의 쿠키를 더 많이 구워볼 계획이에요.

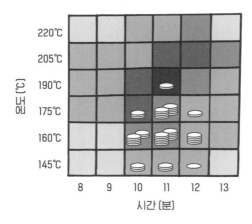

하지만 우리는 여전히 덤벙대기 때문에, 우리가 만든 쿠키들은 사
람들이 제일 좋아하는 쿠키 주위로 퍼져 있습니다. 그래도 사람들이

가장 좋아하는 쿠키에 점점 더 가까워지고 있습니다.

그러면 우리가 쿠키를 더 꼼꼼하게 구워서, 지난번 대회에서 가장 인기 있었던 쿠키만 만들면 어떨까요? 음, 사실 인기 레시피에서 조금 벗어난 쿠키들은 마치 우리가 다른 칸에 대한 반응이 어떤지 알아보기 위해 보내는 정찰병과 같습니다. 개체군이 환경에 더 잘 적응하도록 도와주는 개척자인 셈이지요. 개체군 안에 다양성이 없다면, 여러분이 속한 환경이 좋은지 나쁜지 전혀 알 길이 없어요. 그리고 모든 환경이 그렇듯이 사람들의 호불호가 끊임없이 변한다면, 여러분의 인기 레시피도 갑자기 최악의 레시피로 평가받을 위험이 있습니다. 그러면 다음 대회에는 초대받지 못하겠지요. 식물이나 동물이라면 멸종할 테고요.

주방에서는 쿠키가 어떻게 만들어지고 어떤 쿠키가 가장 많이 팔리는지 열심히 추적해야 하지만, 자연계에서 이런 다양성과 선택은 자연스럽게 나타납니다. 각각의 '쿠키', 즉 각각의 식물이나 동물에게는 자신이 어떻게 만들어졌는지에 관한 정보를 담은 DNA를 물려받습니다. 하지만 이 DNA는 대부분 그들 부모의 DNA와는 다릅니다. 복사 과정에서 생긴 오류 때문일 수도 있지만, 많은 식물과 동물의 경우에는 부모가 번식할 때 DNA가 섞이거든요.

이런 과정을 거치면, 개체군 안에 자연스럽게 다양성이 확보됩니다. 마치 인기 레시피에서 벗어난 쿠키들처럼 말이지요. 생물은 바로 이런 방식으로 변하는 환경에 맞추어 진화하는 것입니다.

물리학이 아주 작은 쿼크부터 아주 큰 은하까지 연구하는 것처럼, 생물학도 세포의 부품들을 구성하는 작은 분자부터 지구 생태계에서 살아가는 모든 생명까지 연구합니다. 하지만 규모와 무관하게, 진화는 이 모든 생물학 연구의 기반을 이루는 포괄적인 개념입니다. 생물학 전반에 걸친 통합적인 개념이자 끊임없이 입증되어 온 이론이지요.

하지만 이 책에서 다루는 다른 과학적 내용과는 달리, 진화는 1850년대에 처음 소개된 이래로 늘 '논란'의 중심에 있었습니다. 이러한 '논란'은 많은 이들이 여전히 인간이 지구상의 다른 모든 생명체와 다를 뿐만 아니라 그들보다 우위에 있다고 믿기 때문일 것입니다. 지구가 우주의 중심이 아니고 우리가 태양 주위를 공전한다는 증거가 등장했을 때도 비슷한 반응들이 있었습니다. 추측하건대, 우리에게는 모든 것이 우리를 중심으로 돌아가고 우리가 특별한 위치에 있다고 믿고 싶어 하는 성향이 있는 듯합니다.

진화에 반대하는 몇 가지 대표적인 주장이 있는데, 이것들을 간단히 다루어 보는 것도 나쁘지 않겠지요. 진화에 반대하는 대표적인 주장 가운데 하나는, 우리가 진화라는 현상을 두 눈으로 직접 확인한 적이 없기 때문에 진화는 단지 믿음일 뿐이라고 주장하는 것입니다. 이런 식이지요.

* 우리는 개의 품종을 다른 품종으로 개량할 수는 있지만, 개가 다른 종으로 변하는 것을 본 적이 없다!
* 화석 기록은 진화의 모든 단계를 보여주지 않고, 그 사이에는 간극이 존재한다!

첫 번째 주장은 흔한 오해에서 비롯되는, 사실과 다른 주장입니다. 우리는 새로운 종이 출현하고, 한 종에서 다른 종이 분화되는 것을 직접 목격했습니다. 이는 일반적으로 새로운 종이 진화하는 데 걸리는 시간이 더 짧은, 수명이 짧은 생명체에게서 관찰됩니다. 우리는 박테리아, 식물, 곤충, 새 등에서 실시간으로 새로운 종이 만들어지는 것을 직접 보았지요.

화석 기록이 완벽하지 않은 이유는 화석이 만들어지는 조건 때문이에요. 화석은 특정한 환경에서만 형성되는데, 식물이나 동물이 화석으로 남으려면 그에 딱 맞는 시간과 장소에 있어야 합니다. (물론 그 동물이나 식물 입장에서는 무척이나 운이 없는 시간과 장소겠지만요!) 그래도 우리 조상인 초기 단궁류synapsid에 대해서는 꽤나 좋은 화석 기록을 확인할 수 있답니다.

또 다른 반론으로는 복잡성 논증이 있어요. 생명체의 복잡한 구조가 그냥 '우연히' 생겼을 리 없다는 것이지요. 포유류가 젖을 만드는 과정은 진화로 설명할 수 없을 정도로 복잡하다는 주장이 대표적입니다. 우리 눈이 가진 복잡한 구조도 마찬가지로 자주 언급되지요.

이런 의문에 답하려면 시간과 연구가 필요합니다. 다윈이 젖 생산

버터와 베이킹 대회로 알아보는 진화

에 대한 첫 가설을 내놓고 나서 그 과정을 제대로 이해하기까지는 100년이나 걸렸습니다. 하지만 이는 우리 몸의 여러 기관들이 어떻게 발달했는지 연구한 것들 가운데 아주 일부분일 뿐이지요. 눈이 어떻게 생겨났는지, 혈액 순환이 어떻게 이루어지는지, 뇌가 어떻게 작동하는지, 식물의 뿌리와 줄기가 어떻게 자라는지 등 거의 모든 생명 현상에 대해 같은 수준의 세밀한 연구가 이루어졌습니다.

혹시 진화는 시계 부품을 가방에 넣고 흔들었더니 완성된 시계가 '짠!' 하고 나타난 것이나 다름없다고 말하는 걸 들어본 적이 있나요? 여러분은 이제 이 비유가 진화와는 전혀 들어맞지 않는다는 것을 알 거예요. 진화는 아주 작은 변화들이 아주 오랜 시간에 걸쳐 쌓이는 과정입니다. 그리고 그 가운데 어떤 변화가 살아남는지를 결정하는 필터 같은 역할도 하지요. 복잡한 구조가 갑자기 우연히 생기는 것은 아닙니다.

복잡성을 강조하는 이들은 진화가 이미 있는 것을 자주 새로운 용도로 쓴다는 사실도 잘 알아차리지 못합니다. 예를 들어, 우리 눈이 파란색 빛을 감지하는 데 쓰이는 크립토크롬cryptochrome 이라는 단백질은 원래 자외선으로 인한 DNA 손상을 경고하는 세포의 알람 시스템이었습니다. 세포가 강한 햇빛을 받으면 받을수록 이 크립토크롬 단백질은 더 많이 생성되는데, 이것이 나중에는 생체 리듬을 조절하는 데 도움을 주는 광수용체로 진화했지요. 이것이 결국 눈에서 파란색을 감지하는 수용체가 된 것이고요.

생명은 재활용의 달인이에요. 서로 다른 기능들이 끊임없이 새로운 목적에 쓰이고 결합되면서 새로운 일을 하지요. 밀가루를 한번 볼까요? 처음에 밀가루는 빵을 만드는 데 쓰였습니다. 그런데 수천 년 동안 밀가루가 얼마나 다양하게 사용되어 왔는지를 보세요. 이제 는 세상 모든 문화권에서 빵, 케이크, 쿠키, 파이를 자기 스타일대로 만들고 있어요. 게다가 밀가루는 세제, 풀, 해충 퇴치제, 피부 치료제 로도 사용되고 있지요. 제빵사들은 이 책에 나온 재료들로 끊임없이 새롭고도 흥미로운 조합을 만들어 냅니다. 진화도 마찬가지로 단백 질의 새로운 쓰임새를 끊임없이 찾아냅니다.

물론 이 책의 다른 모든 내용과 같이, 과학자들은 진화가 어떻게 일어나는지 계속 연구하고 있습니다. 진화론의 세부 사항이 조금씩 변하기도 하지요. 그럼에도 핵심은 변하지 않습니다.

예를 들어볼까요? 진화는 때로는 천천히, 때로는 빠르게 일어나는 것처럼 보입니다. 왜 그럴까요?

과학자들의 또 다른 연구 대상은 어떤 유전자를 켜고 얼마나 많은 단백질을 만들지를 결정하는 복잡한 유전자 스위치예요. (이런 것을 다루는 학문을 **후성유전학**epigenetics이라고 합니다.) 이것들은 어떻게 작 동하는 걸까요? 후성유전은 다음 세대로 전해질 수 있어서 DNA가 같더라도 후성유전은 다를 수 있어요.

마지막으로, 우리의 장이나 피부에 사는 미생물이 우리 몸에 엄청 난 영향을 미친다는 것을 알게 되었지요. 하지만 변이와 선택이라는 기본적인 틀은 정말이지 대단합니다. 만약 우리가 우주 어딘가에서 외계 생명체를 만난다면, 그들이 우리와 똑같은 DNA를 가질 가능성은 매우 낮아요. 지구의 포유류처럼 우유나 버터를 만들지도 않겠지요. 하지만 그 외계 생명체들도 자연선택을 통해 생겨나고 발달했을 것이라고 확신할 수 있습니다. 훗날 외계 생명체 친구들에게 베이킹 대회를 소개하는 날이 기대되네요!

CHAPTER 7

달걀로 알아보는 유전공학

GENETIC ENGINEERING EXPLAINED WITH AN EGG

지난 장에서 우리는 어떤 것이 진화하는 데 필요한 핵심 요소 중 하나가 바로 그것을 만드는 방법에 대한 설명서, 즉 레시피를 기록하고 전달하는 방법이라는 것을 알아보았습니다. 모든 생물에게는 자신을 만들기 위한 레시피가 필요하지요.

우리를 포함한 동물, 식물, 박테리아 등 모든 생명체에게 그 정보는 세포의 중심부에 있는 DNA에 담겨 있습니다. 닭도 예외가 아니지요.

달걀은 많은 문화권에서 중요한 상징을 가지고 있습니다. 봄이나 재탄생 또는 창조를 의미하는 경우가 많이 있지요.

하지만 닭의 입장에서 보면, 달걀의 목적은 아주 분명합니다. 바로 더 많은 닭을 만들어 내는 것입니다.

수정란에는 새로운 닭을 만들기 위한 설명서, 그 설명서를 기반으로 만들어진 작동 장치, 그리고 이 모든 작업을 가능하게 하는 동력원과 원료가 들어 있습니다. 이번 장에서는 그 설명서가 어떻게 쓰여 있는지 살펴볼 거예요. 그리고 다음 장에서는 작동 장치에 대해 알아볼 것입니다.

이게 어찌 된 일이지요? 무슨 일이 벌어진 것인지 모르겠지만, 여러분은 쿠키 공장에 감금되고 말았어요. 이곳에서 여러분은 계속 쿠키만 구워야 합니다. 이곳에서 빠져나가는 유일한 방법은 바깥에 메시지를 보내는 거예요. 불행하게도 메시지를 쓸 도구가 없어서 다른 해결책을 찾아보아야 합니다. 메시지를 보낼 방법이 있을까요?

그래도 여러분이 사용할 수 있는 한 가지 도구가 있습니다. 바로 지금 여러분이 굽고 있는 네 가지 종류의 쿠키들이지요.

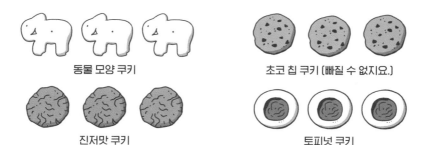

동물 모양 쿠키

초코 칩 쿠키 (빠질 수 없지요.)

진저맛 쿠키

토피넛 쿠키

여러분은 계속 감시당하고 있기에, 쿠키를 바꾸는 것은 불가능하답니다. 하지만 쿠키를 포장하는 순서는 여러분 마음대로 할 수 있어요. 이 방법을 활용할 수는 없을까요? 일종의 암호를 만들 수 있다면 좋지 않을까요?

아무래도 여러분이 쓰는 메시지는 단어로 이루어지겠지요. 하지만 메시지에 표현하고자 하는 단어는 아주 많을 테니, 네 가지 쿠키로 단어를 하나하나 암호화하는 것은 불가능할 거예요.

하지만 단어는 글자로 이루어져 있습니다. 영어에는 수십만 개의 단어가 있지만, 모두 26개의 알파벳으로 이루어져 있지요. 그러면 우리의 이 쿠키로도 글자들을 표현할 수 있을까요?

글자 하나를 쿠키 하나로만 표현하면, 네 가지 글자밖에 만들 수 없어요. 하지만 쿠키 2개로 글자 하나를 표현한다면, 글자의 수는 16개로 늘어나지요. (첫 번째 자리에 올 수 있는 쿠키의 종류가 네 가지, 두 번째 자리에 올 수 있는 쿠키의 종류도 네 가지, 따라서 4×4입니다.)

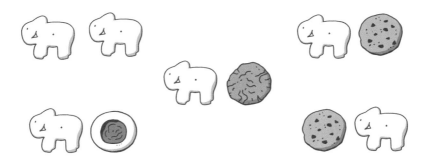

이런 식으로요. 어렵지 않지요?

16가지 글자를 만들었지만, 아직 26개의 모든 알파벳을 표현하기에는 조금 부족합니다. 쿠키 3개로 글자 하나를 만들면 어떨까요? 그러면 4×4×4, 총 64가지 조합이 생깁니다. 이제는 26개의 알파벳은 물론, 0부터 9까지의 숫자, 심지어는 빈칸, 쉼표, 마침표까지 모두 표현할 수 있습니다! 자 이제는 무언가 해볼 수 있을 것 같지 않나요?

쿠키들이 어떤 글자를 표현하는지 정해볼게요.

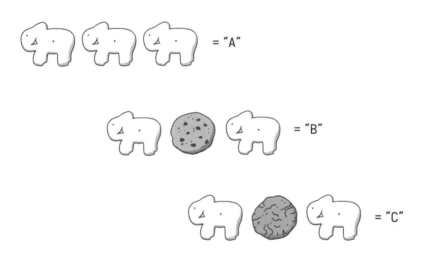

이런 식으로, 각각의 글자를 나타내는 암호표를 만들어 볼까요?

두 번째 쿠키 · 첫 번째 쿠키 · 세 번째 쿠키

첫 번째 쿠키	두 번째 쿠키				세 번째 쿠키
(곰)	A	B	C	D	(곰)
	E	F	G	H	(칩 쿠키)
	I	J	K	L	(갈라진 쿠키)
	M	N	O	P	(달걀 쿠키)
(칩 쿠키)	Q	R	S	T	(곰)
	U	V	W	X	(칩 쿠키)
	Y	Z	0	1	(갈라진 쿠키)
	2	3	4	5	(달걀 쿠키)
(갈라진 쿠키)	6	7	8	9	(곰)
	SPACE	.	,	!	(칩 쿠키)
	@		$	%	(갈라진 쿠키)
	&	*	[	]	(달걀 쿠키)
(달걀 쿠키)	–	=	+	/	(곰)
	<	>	:	;	(칩 쿠키)
	"	'	[	}	(갈라진 쿠키)
	{	}	I	?	(달걀 쿠키)

달걀로 알아보는 유전공학

자, 이제 여러분은 쿠키를 3개씩 조심스럽게 잘 배열해 포장하면서 메시지를 만들 거예요. 'HELP!'라는 메시지를 만들어 봅시다.

쿠키를 엄청 많이 만들고 나면, 여러분은 더 길고 온전한 메시지도 만들 수 있습니다.

HELP! I'M BEING HELD CAPTIVE IN A COOKIE FACTORY!
(도와주세요! 저는 쿠키 공장에 감금되어 있어요!)

누군가가 쿠키 순서에 무언가가 담겨 있다는 낌새를 알아채고 인터넷에 사진을 올리면, 그것이 화제가 되어 수백만 명의 사람들이 암호를 해독할 때까지 노력할 것입니다. 그렇게 여러분은 감금된 쿠키 공장에서 구출되겠지요. 정말 이렇게만 전개된다면 우리 이야기는 해피엔딩이겠지요?

방금 말한 쿠키 공장 이야기는, 꽤 재미있고 극적이기까지 합니다. 넷플릭스에서 영상화하기에도 안성맞춤이지요. 수정란의 가장 중요한 부분이자 우리 몸 안의 모든 세포 중심에 있는 DNA, 그리고 그 작동 장치의 원리를 파악하는 데도 도움이 되고요.

진화가 일어나기 위한 중요한 조건 하나를 다시 기억해 봅시다. 바로 생물을 만드는 패턴이 복제되어야 한다는 것입니다. 생명체를 만드는 데 필요한 모든 내용이 담긴 레시피가 필요하다는 뜻이지요.

앞의 이야기에서 우리가 만든 '메시지'는 '생물'에 대응해요. 예를 들어, 우리가 만든 탈출 메시지는 닭에 해당하는 것이지요.

탈출 메시지 = 닭

우리가 쿠키 공장에서 탈출하려고 할 때, 우리의 메시지는 '단어'로 구성되어 있었습니다. 언어에서 단어는 하나의 개념을 나타냅니다. '쿠키' 같은 물체를 나타내거나, '굽다' 같은 행동을 의미하거나, '맛있는' 같은 무언가를 묘사하고 있지요. 생명체를 이루는 단어는 '단백질'입니다. 단백질은 여러분의 몸이 작동하는 데 필요한 모든 기능을 수행하지요. 에너지를 만들고 사용하는 것을 포함한 화학 반응을 돕고, 주위 환경에 반응하며, 세포 안에서 문지기 역할을 하며 침입자를 막아냅니다. 근육이 힘을 쓰게 해주고, 세포의 구조를 만들고, 신호를 보내 분자를 이곳저곳으로 옮기는 역할도 단백질이 맡고 있지요. 인체에는 약 2만 개의 단백질이 존재하지만, 거의 모든 단백질은 각각 한 가지 임무만을 수행합니다. 예를 들어, 헤모글로빈 단백질은 산소 분자를 붙잡아 세포로 운반하고, 인슐린은 대사를 조절해 몸에 당을 언제 흡수해야 하는지를 알아주지요.

여러분이 단어를 이용해 소설이나 생일 카드, 쿠키 레시피 같은 다양한 목적을 가진 글들을 작성하듯이, 단백질도 다양한 방식으로 조합하고 배열할 수 있습니다. 이런 식으로 박테리아부터 개미, 가장 큰 고래에 이르기까지, 지구상의 모든 생명체를 만들어 내지요.

단어 = 단백질

단어가 글자로 이루어진 것처럼, 단백질은 아미노산이라고 하는 기본 요소로 이루어집니다. 아미노산은 실에 꿰어진 구슬이나 단어 안의 글자라고 생각할 수 있어요.

우리 몸은 20가지 아미노산을 사용합니다. 영어의 단어가 사용하는 알파벳 26개와 비슷한 개수지요. 20가지 아미노산은 다양한 방식으로 결합해 우리가 사용하는 2만여 개의 단백질을 만들어 냅니다. 그런데 신기하게도, 대다수 사람들도 2만여 개의 단어를 사용할 줄 아는 어휘력을 가지고 있습니다. 우리는 26개의 글자로 2만여 개의 단어를 만들고, 우리 몸은 20개의 아미노산으로 2만여 개의 단백질을 만드는 것이지요.

글자 = 아미노산

글자는 우리의 언어에서 가장 작은 단위예요. 하지만 세포에서는 글자 역할을 하는 아미노산이 암호화되어 있습니다.

DNA

결국 세포에서 우리의 '레시피'가 저장되는 곳은 DNA예요. DNA는 거대한 사슬로 연결된 네 가지 다른 분자들로 구성되어 있지요. 이 네 가지 분자의 패턴이 바로 생명의 레시피인 셈이지요.

이 네 가지 분자는 **아데닌**adenine, **시토신**cytosine, **구아닌**guanine, **티민**thymine으로, 보통은 이 분자들 이름의 앞 글자를 따서 'A', 'C', 'G', 'T'라고 부릅니다. (우리가 동물Animal, 초콜릿 칩Chocolate chip, 진저맛Ginger, 토피넛Toffee nut 쿠키를 구운 이유입니다.)

쿠키 공장에 갇혔을 때 우리는 알파벳의 모든 글자와 구두점과 같은 특수문자를 표현하기 위해 3개의 쿠키를 한 그룹으로 사용했습니다. DNA도 마찬가지예요. 20개의 아미노산을 암호화하기 위해 세포 안의 장치들은 방금 소개한 4개의 **뉴클레오타이드**nucleotide를 읽어냅니다. 다시 말해, 뉴클레오타이드는 DNA를 구성하는 기본 분자이고, 세포는 이 네 종류의 뉴클레오타이드를 3개씩 묶어 한 그룹으로 사용합니다.

우리가 쿠키로 메시지를 보내기 위해 만든 표를 기억하고 있지요? DNA도 같은 방식으로 작동합니다. 여기 우리가 앞에서 만든 쿠키 표와 모든 생물에서 사용되는 실제 **유전 부호**genetic code가 있습니다.

달걀로 알아보는 유전공학

첫 번째 쿠키

세 번째 쿠키

첫 번째 쿠키	두 번째 쿠키				세 번째 쿠키
(코끼리)	A	B	C	D	(코끼리)
	E	F	G	H	(초코칩)
	I	J	K	L	(크래커)
	M	N	O	P	(링)
(초코칩)	Q	R	S	T	(코끼리)
	U	V	W	X	(초코칩)
	Y	Z	0	1	(크래커)
	2	3	4	5	(링)
(크래커)	6	7	8	9	(코끼리)
	SPACE	.	,	!	(초코칩)
	@		$	%	(크래커)
	&	*	[	]	(링)
(링)	–	=	+	/	(코끼리)
	<	>	:	;	(초코칩)
	"	'	[	}	(크래커)
	{	}	|	?	(링)

92

첫 번째 뉴클레오타이드	A	C	G	T	세 번째 뉴클레오타이드
A	LYS	THR	ARG	ILE	A
	ASN	THR	SER	ILE	C
	LYS	THR	ARG	START	G
	ASN	THR	SER	ILE	T
C	GLN	PRO	ARG	LEU	A
	HLS	PRO	ARG	LEU	C
	GLN	PRO	ARG	LEU	G
	HLS	PRO	ARG	LEU	T
G	GLU	ALA	GLY	VAL	A
	ASP	ALA	GLY	VAL	C
	GLU	ALA	GLY	VAL	G
	ASP	ALA	GLY	VAL	T
T	STOP	SER	STOP	LEU	A
	TYR	SER	CYS	PHE	C
	STOP	SER	TRP	LEU	G
	TYR	SER	CYS	PHE	T

자, 여러분이 쿠키 부호들을 해독하는 법을 이해했다면, 뉴클레오타이드 표도 이해할 수 있을 거예요. 같은 원리로 만들어졌으니까요. 아미노산의 전체 이름은 줄임말로 써두었습니다. 예를 들어, 'LYS'는 '라이신lysine', 'THR'은 '트레오닌threonine'이라는 아미노산을 줄여서 표현한 거예요. 하지만 이름은 중요하지 않습니다. 여기서 핵심은 글자 3개의 묶음이 하나의 아미노산을 나타내는 부호code라는 것이지요.

자세히 보면, 부호 ATG는 '시작'을 나타낸다는 것을 알 수 있어요. 이 코드는 DNA에서 각 단백질이 시작되는 위치를 보여줍니다. '정지'를 나타내는 코드도 몇 개 있는데, TAA도 그중 하나예요. 각각의 단백질을 나타내는 코드는 모두 시작과 정지 사이에 있어요. 그러니까 이것들은 쿠키 표에 있는 구두점, 즉 빈칸이나 마침표와 비슷한 역할을 하는 셈이지요.

인간의 유전 부호는 30억 개에 달하는 뉴클레오타이드로 구성되어 있어요. 반면 대장균은 500만 개 정도밖에 가지고 있지 않지요. 하지만 우리가 가장 많은 뉴클리오타이드를 가진 것은 아니예요. 노르웨이 가문비 나무는 200억 개의 뉴클레오타이드를 가지고 있지만, 챔피언은 따로 있습니다. 바로 일본의 희귀종 꽃인 파리 자포니

카로, 무려 1,500억 개, 즉 인간의 뉴클레오타이드보다 50배나 많은 수를 가지고 있습니다.

인간이 지닌 30억 개의 뉴클레오타이드는 10억 개의 '글자'를 의미합니다. 3개의 뉴클레오타이드가 하나의 글자, 즉 아미노산에 해당하니까요. 가장 긴 소설이 약 400만 자라고 하니, 인간의 뉴클레오타이드가 얼마나 많은지 감이 조금 오나요?

CHAPTER 8

쿠키 장식으로 알아보는 배아 발달

EMBRYONIC DEVELOPMENT EXPLAINED WITH COOKIE DECORATING

달걀의 핵심 중 하나가 '설명서'라면, 또 다른 핵심은 바로 그 설명서를 바탕으로 움직이는 '작동 장치'입니다. 하나의 수정란에서 아기가 자라나고, 우리 몸을 이루는 모든 구조가 적절한 위치에 놓인 것 자체가 믿기 힘든 기적처럼 보일 때도 있지요.

다행히도 지난 수십 년 동안, 과학자들은 이런 복잡한 구조들이 어떻게 형성되는지에 대해 엄청나게 많은 것을 알아냈어요. 이것을 가장 쉽게 설명하는 방법은, 역시나 우리의 단골 손님인 쿠키를 이용하는 것이랍니다.

한번 멋지게 장식된 쿠키를 만들어 볼까요? 장식용 아이싱으로 예쁘게 꾸며보는 거예요. 하지만 이 책의 저자는 너무 게으른 관계로,

아이싱을 손으로 직접 하기는 힘들 듯해요. 너무나도 귀찮은 일이 되고 마니까요. 그래서 아이싱을 아주 정확한 위치에 입혀주는 아주 작은 장치를 하나 발명했습니다.

우리에게는 아무 장식도 없는 쿠키가 있어요. 이 쿠키 위에 수천 개의 매우 작은 아이싱 장치를 마치 TV 화면의 픽셀처럼 흩뿌려 놓았답니다. 각각의 작은 장치에 크림을 언제 짜고 언제 멈출지를 정확히 조종할 수 있지요.

하지만 아까도 말했듯이 저는 조금 게으른 편이라, 모든 장치가 같은 명령을 받아서 임무를 수행하도록 만들고 싶어요. 수천 개의 명령을 만들지 않고 한 가지 명령만 사용하고 싶거든요!

그러면 복잡한 장식은 어떻게 만들 수 있을까요?

이 문제를 본격적으로 풀기 전에 한 가지 힌트를 드리자면(이미 눈치챘을 수 있지만), 자동으로 쿠키를 장식해 주는 장치에 관한 문제는 배아가 어떻게 발달하는지와 관련 있어요. 배아는 1개의 세포로 시작하지만, 곧이어 수천 개의 세포 덩어리로 나뉩니다. 이때 세포들은 어떤 식으로든 자신이 뼈가 될지, 근육이 될지, 피부가 될지, 아니면 눈이 될지 결정해야 해요. 하지만 모든 세포는 같은 지시를 받고 있지요. 모두가 같은 DNA를 공유하니까요.

자동으로 장식되는 쿠키를 살펴보면, 이 시스템이 어떻게 작동하는지 이해하는 데 도움이 될 거예요. 그러고 나서 우리의 쿠키 장식 모델과 실제 배아 발달 간의 차이에 대해서도 이야기해 봅시다.

우리의 장식 도구들

자, 여기 아무 장식이 없는 쿠키가 있습니다.

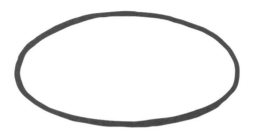

쿠키를 장식하기 위해서는 몇 가지 특징이 필요합니다.

먼저, 우리에게는 쿠키 한쪽에서 반대쪽으로 갈수록 강해지는 어떤 신호가 필요하지요. 이런 식으로 말이에요. (왼쪽에서 오른쪽으로 갈수록 신호 세기가 점점 강해진다는 점에 주목하세요.)

신호는 화학 성분일 수도 있고, 전기력이나 자기력일 수도 있고, 빛일 수도 있어요. 사실 무엇이든 상관없어요. 하지만 그것이 무엇이든 간에, 우리의 작은 자동 아이싱 장치들에는 신호의 세기를 감지하는 센서들이 있습니다. 그리고 그 장치들은 신호가 특정 값보다 높은지 낮은지에 따라 'ON' 또는 'OFF', 즉 켜지거나 꺼지도록 명령을 받습니다.

우리의 신호가 0에서 100까지의 세기를 가진다고 가정해 볼게요. 신호 세기가 70 이상이면 장치가 켜진다는 규칙을 만들 수 있겠지요. 그러면 다음 그림에서 검은 영역들의 장치는 모두 켜질 거예요. (왼쪽에서 오른쪽으로 갈수록 신호 세기가 점점 강해지니까요.)

70 이상이면 작동.

신호 세기가 40 이상일 때 장치가 켜진다는 명령을 내리면, 이렇게 보이겠지요.

40 이상이면 작동.

쿠키 장식으로 알아보는 배아 발달

이제 조금씩 감이 잡히나요? 이런 무늬들은 마치 쿠키를 아이싱에 담갔다 꺼낸 것처럼 보입니다. 이보다 더 복잡한 무늬를 만들 수는 없을까요?

우리가 사용할 수 있는 다른 신호도 있습니다. 바로 물결무늬 신호이지요. 사실 우리에게는 방금 소개한 신호와 물결무늬 신호만 있으면 됩니다. 이 신호는 이름에서도 알 수 있듯이, 쿠키 위에 물결무늬로 나타납니다. 이런 식으로요.

이렇게 물결무늬 신호와 앞에서 보았던 강한 곳에서 약한 곳으로 균일하게 흐르는 신호는 모두 자연에서 다양한 과정에 의해 만들어집니다. 그렇기에 우리의 장식 도구로 사용하기에도 무리가 없지요.

자, 이제 우리는 물결무늬 신호와 ON/OFF 명령을 같이 사용하면 줄무늬를 만들 수 있어요! 이제 조금 그럴듯하게 장식된 쿠키처럼 보이지 않나요?

줄무늬 신호, 50 이상이면 작동.

신호를 반드시 왼쪽부터 오른쪽으로만 보낼 필요는 없어요. 위에서 아래 방향으로 가는 신호도 만들 수 있지요. 이런 식으로요.

이제 우리의 마지막 장식 도구를 볼까요? 우리는 지금까지 색상 블록을 만드는 방법과 줄무늬를 새기는 방법을 알아냈어요. 신호의 패턴을 따라 아이싱 장치들을 작동시키면서 말이에요. 그런데 우리의 신호들을 이용해 켜진 스위치를 다시 끌 수도 있다면 어떨까요?

여기 두 가지 색의 패턴이 있습니다. 검정 패턴은 아이싱 장치를 작동시키고, 갈색 패턴은 장치를 멈추게 하지요. 장치를 끄는 신호도 장치를 켜는 신호와 마찬가지로 블록과 줄무늬 패턴을 만들 수 있지 않겠어요? 이제 앞의 두 패턴을 합치면 세 번째 패턴과 같이 한

쪽으로 조금 치우친 무늬가 나타납니다.

검정 패턴에서 시작해(40 이상이면 작동),
갈색 패턴을 빼기(80 이상이면 장치 꺼짐).

이런 식으로 블록 패턴의 크기를 조절하면 줄무늬를 원하는 크기
와 두께로 만들 수 있답니다.

지금부터 우리는 우리의 작업 도구들로 흥미로운 작업에 돌입할
것입니다! 가로 영역에서 세로 영역을 빼면, 모서리에도 원하는 영
역을 만들 수 있어요.

세로 줄무늬에서 가로 줄무늬를 빼면 체크무늬도 만들 수 있고요.

줄무늬에서 3개의 서로 다른 블록을 빼서 3개의 작은 패치만 남길

수도 있습니다.

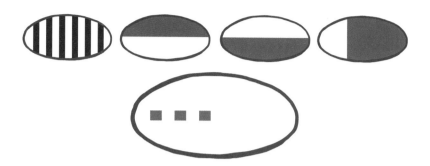

이런 도구들을 이용하면, 저처럼 게으른 사람도 적은 수의 규칙만으로도 아주 다양한 무늬를 만들어 낼 수 있습니다.

그런데 놀랍게도, 이런 과정은 배아가 발달할 때 사용하는 방법과 본질적으로 같습니다.

배아 발달에서 '신호'에 해당하는 것은 단백질 농도입니다. 배아의 한쪽 끝에 단백질을 내보내는 '펌프'를 설치하면, 펌프가 설된한 배아의 한쪽 끝에서는 단백질 농도가 높고, 반대쪽으로 갈수록 농도가 낮아지지요.

배아의 발달 초기에 배아는 2개의 '축'을 만들어 냅니다. 동서 방향과 남북 방향으로 값이 변하는 축이지요. 이 2개의 축을 바탕으로 각각의 세포는 배아 안에서 자신의 좌표를 파악할 수 있습니다. 지구 표면에서 위도와 경도로 좌표를 파악하는 것처럼 말이에요.

이 신호 단백질들은 DNA의 유전자 스위치genetic switch를 활성화합니다. 이 스위치는 우리의 아이싱 장치들의 스위치와 비슷하지요.

쿠키 장식으로 알아보는 배아 발달

그러면 유전자 스위치들은 어떻게 작동할까요?

앞에서 우리는 DNA가 단백질을 만드는 데 필요한 아미노산 순서를 제공한다고 배웠습니다. 하지만 사실 이는 일부만 맞는 말이에요. 실제로 단백질을 만드는 데 사용되는 DNA는 전체 DNA의 1%에 불과합니다. 그래서 오랫동안 과학자들은 나머지 99%를 아무런 역할도 하지 않는 쓸모없는 DNA로 여겼습니다. 진화 과정에서 남은 흔적일 뿐이라고 생각했던 거예요. 하지만 최근 몇십 년 사이, 우리는 '쓰레기 DNA^junk DNA'라고 불리던 DNA가 결코 쓸모없는 게 아니라는 것을 알게 되었습니다. 그중 많은 것들이 특정 단백질의 생산을 시작하거나 멈추는 유전자 스위치 역할을 한다는 사실을 발견해낸 것이지요.

신호 단백질들은 DNA의 특정 서열에 결합하려고 합니다. 그리고 그 서열을 찾으면 단단히 결합하지요. 때로는 신호 단백질이 그 단백질의 모양에 따라 DNA의 정보를 읽어내는 **RNA 중합효소**^RNA polymerase라는 기계가 DNA에 더 쉽게 접근하도록 도와줍니다. 이렇게 RNA 중합효소가 작동하기 시작하는 영역은 '**프로모터**^promoter'라고 합니다. 하지만 어떤 경우에는 신호 단백질이 RNA 중합효소가 DNA에 붙어 그것의 정보를 읽는 것을 막기도 합니다. 이런 신호 단백질을 우리는 '**억제인자**^repressor'라고 부릅니다.

프로모터와 억제인자가 조합하면, 어떤 부위의 세포들은 DNA의 특정 부분을 활성화하고 다른 부위의 세포들은 그렇게 하지 않게 되지요. 마치 우리가 검정 신호와 갈색 신호로 쿠키에 여러 패턴을 새

졌던 것처럼 말이에요.

우리가 이전에 만든 패턴들을 다시 한번 볼까요?

기억하겠지만, 마지막 파란색 패턴은 검정 패턴에서 갈색 패턴을 빼는 방식으로 만들어집니다. DNA에서도 똑같은 현상이 일어날 수 있을까요?

여기 DNA 한 가닥이 있습니다. RNA 중합효소가 이 DNA 가닥을 읽으면 그 DNA 줄기의 영역은 파랑으로 변합니다.

하지만 지금은 이 유전자를 도와주는 단백질이 없어서, RNA 중합효소가 DNA에 결합하지 못하고 있습니다. 그래서 파란색 영역이 거의 또는 전혀 만들어지지 않고 있지요. RNA 중합효소가 DNA에 제대로 결합해서 일을 시작하려면 도움이 필요한 상황입니다.

쿠키 장식으로 알아보는 배아 발달

이제 앞의 그림에서 보았던 검정 영역 안에 세포가 하나 있다고 생각해 봅시다. 이 세포에는 BLACK 단백질을 만드는 능력이 있어요. BLACK 단백질은 만들어진 뒤에 DNA 가닥 위를 돌아다니다가, 우연히 DNA 가닥에서 검정으로 표시된 부분 근처에 오면, DNA 가닥의 모양과 BLACK 단백질의 모양이 딱 들어맞으면서 서로 결합하지요.

BLACK 단백질이 DNA의 검은 부분에 달라붙으면, DNA 정보를 읽는 RNA 중합효소가 작업을 개시할 수 있는 편안한 경사로가 만들어집니다. 이제 RNA 중합효소는 이 경사로를 따라 편안하게 DNA를 미끄러지듯 내려가면서 파란색 단백질을 만들어 내게 되지요.

하지만 배아의 세포가 갈색 영역도 가지고 있다면, 이 세포는 BROWN 단백질도 만들어 냅니다.

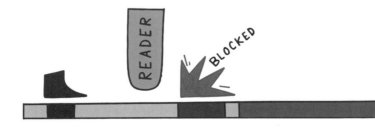

BROWN 단백질은 DNA의 갈색 영역을 만나면 서로 단단히 결합합니다. 이렇게 결합한 BROWN 단백질은 그 모양이 뾰족하고 날카로워서, DNA 정보를 읽는 기계인 RNA 중합효소가 더 이상 앞으로 나아가지 못하고 멈추게 만들지요. DNA의 정보를 읽지 못하게 하는 거예요. 그 결과 파란색 단백질은 더 이상 만들어지지 않습니다.

이런 요소들이 모두 합쳐지면, 파란색 단백질은 결국 BLACK 단백질을 만들어 내면서도 BROWN 단백질은 만들어 내지 않는 세포에서만 생성됩니다. 여기서 BLACK 단백질과 결합하는 DNA의 검정 영역은 프로모터 역할을, BROWN 단백질은 억제인자 역할을 한다고 볼 수 있어요.

그런데 우리가 아직 이야기하지 않은 것이 있습니다. 파란색 단백질이 실제로 무슨 역할을 하는지를 아직 소개하지 않았지요. 여기서부터가 정말 재미있는 부분인데, 파란색 단백질은 세포 안에서 당분을 옮기는 것과 같은 특정한 기능을 하기도 하지만 또 다른 신호가 될 수도 있습니다. 예를 들어, 어떤 단백질에 대해서는 프로모터로, 또 다른 단백질에 대해서는 억제인자로 작용할 수도 있지요.

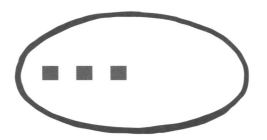

쿠키 장식으로 알아보는 배아 발달

모든 생물은 이런 식으로 만들어집니다.

앞에서 보여드린 예시는 실제로 많은 동물들의 발달 과정에서 볼 수 있는 현상과 아주 닮아 있습니다.

앞의 그림에서 보라색 사각형 3개가 보이지요? 그 부분이 바로 다리로 자라날 부분이에요. 여기서 '보라색'은 '디스탈리스distal-less'라고 불리는 특별한 단백질을 의미하는데, 줄여서 'Dlx'라고도 부릅니다. Dlx는 '말단부가 없는'이라는 뜻을 가지고 있는데, 이런 이름이 붙은 이유가 아주 재미있어요. 과학자들이 이 Dlx 단백질이 작동하는 것을 방해했더니, 다리 발달이 멈추어 버렸기 때문이지요.

한편 Dlx가 어떤 부위에 있으면, 그 부위에서는 다리가 자라나요. 마치 그 부위의 세포들에게 '자, 이제 다리를 만들어!'라고 명령을 내리는 스위치 같은 것이지요.

비슷한 방식으로, PAX6라는 단백질은 눈을 만들어 냅니다. PAX6가 신호를 보내는 곳이면 어디든 눈을 만들어 내는 프로그램이 가동되는 것이지요. 연구자들이 초파리를 가지고 흥미로운 실험을 해보았는데, PAX6 단백질을 초파리 배아의 날개가 생기는 부분에 주입했더니 정말로 날개에 눈이 생겼습니다.

DNA 분석이 점점 쉬워지면서 연구자들은 Dlx나 PAX6 같은 유전자에 대해 놀라운 사실을 발견했습니다. 이 유전자들이 모든 동물에게 존재하고, 거의 똑같은 단백질을 만들어서 거의 같은 기능을 한다는 것이었습니다.

궁금해할지 몰라 덧붙이자면, 생쥐의 PAX6를 초파리에 주입해도 눈이 생깁니다. 물론 초파리 눈이 생기지요.

이것은 정말 중요한 의미를 가지고 있습니다. 눈이라는 기관이 아주 오래전부터 존재해 왔고, 거의 모든 동물 종에게서 눈의 의미나 역할이 보존되어 왔다는 뜻이니까요. 진화론자들은 초파리의 겹눈과 우리의 눈처럼 다르게 생긴 눈들이 서로 무관하게 진화했거나, 진화의 나무에서 아주 오래전에 갈라진 탓에 완전히 다른 방식으로 만들어질 것이라고 생각했어요. 하지만 전혀 그렇지 않았습니다. '여기에 눈을 만들라'라는 마스터 스위치가 수억 년 동안 보존된 것이지요. 심지어 빛에만 민감한 눈을 가진 단순한 벌레조차 PAX6를 사용해 빛에 민감한 부분을 만들어 냅니다. 다시 다리의 이야기로 돌아가 보면, 뱀도 Dlx 신호를 가지고 있습니다. 하지만 뱀에서는 억제인자 때문에 다리를 만들라는 신호가 전혀 먹혀들지 않는 것이지요.

동물의 성장이 이렇게 조립식 장난감 같은 구조를 가지고 있다는 것은 놀라운 일입니다. 이런 구조 덕분에 진화는 다양한 동물에서 몸의 여러 부위를 쉽게 만들어 냅니다. 예를 들어, 어떤 동물에게는 다리를 여기에, 다른 동물에는 저기에 붙이고, 눈은 여기에, 몸통은 저기에 더 길게 또는 짧게 만들 수 있습니다. 마치 레고 블록으로 장난감을 만드는 것처럼 말이에요. 이렇게 하면 무한히 다양한 방식으로 동물의 몸을 조립할 수 있습니다. 하지만 이 모든 과정에서 언제나 동일한 핵심 유전자 장비들을 사용하지요.

결국 우리는 모두 믿기 힘들 만큼 복잡한 장식을 가진 쿠키들입니다.

CHAPTER 9

황설탕 3/4컵으로
알아보는 불확실성
UNCERTAINTY EXPLAINED WITH
3/4 CUP OF PACKED BROWN SUGAR

1919년 1월 15일 오후 12시 30분, 보스턴 주민들은 땅이 흔들리는 것을 느꼈습니다. 곧이어 큰 굉음이 들렸습니다. 수백만 리터의 당밀이 담긴 탱크가 무너지면서 끈적끈적한 물질이 쏟아져 나온 것이었어요.

거대한 갈색 당밀이 파도처럼 거리를 따라 밀려 내려갔어요. 사람들과 동물들은 시럽 같은 이 끈적한 물질에 갇혀버렸지요. 당시《보스턴 포스트》신문은 이렇게 보도했습니다.

"허리 높이의 당밀이 거리를 뒤덮었고, 폭발이 일어난 잔해 주변에서는 당밀이 소용돌이치며 거품을 일으키고 있었습니다. … 여기저기서 무언가가 몸부림치는 모습이 보였지만, 그것이 사람인지 동물인지 구분하기 어려웠습니다. 오직 끈적끈적한 덩어리 속에서 보이는 움직임만이 그 안에 생명이 있음을 알려줄 뿐이었습니다. … 말들은 마치 끈끈한 파리잡이 위의 파리들처럼 죽어갔습니다. 말이 발버둥 칠수록 더 깊이 그 속으로 빠져 들어가고 있었습니다. 남녀노소 할 것 없이 모두 고통받고 있었습니다."

'당밀 대홍수'로 불리는 이 사건으로 인해 21명이 목숨을 잃었고, 150명이 다쳤습니다. 보스턴을 깨끗이 치우는 데는 수십 주가 걸렸습니다. 보스턴의 모든 것이 끈적끈적해졌지요. 사람들은 사고가 난 지 수십 년이 지난 후에도 더운 날이면 도시에 당밀 냄새가 퍼졌다고 말했습니다.

황설탕은 당밀이 조금 섞인 설탕입니다. 당밀은 사탕수수에서 추출한 즙을 끓여서 만들지요. 순수한 당밀을 만들려면 이 과정을 세 번 반복해야 합니다. 끓이고 식히는 과정을 반복할 때마다 더 많은 설탕이 추출되고, 액체가 농축되면서 점점 더 어둡고 진해집니다.

황설탕은 세 번 끓이는 과정 가운데 첫 번째 단계에서 만들어진 설탕입니다. 설탕에 당밀이 조금 섞여 있지요. 그러나 상점에서 파는 대부분의 황설탕은 순수한 설탕과 당밀을 첨가해 만든 것으로, 3.5%의 당밀이 들어 있습니다. 진한 갈색 설탕에는 약 6.5%의 당밀이 들어 있습니다.

황설탕 3/4컵으로 알아보는 불확실성

당밀 대홍수의 흔적.

    당밀 대홍수의 원인은 무엇이었을까요? 당밀 탱크를 소유하고 있던 퓨리티 증류 회사를 상대로 큰 소송이 제기되었습니다. 이 회사는 당밀을 발효시켜 에탄올을 만드는 증류 회사였지요. 사건의 진상을 밝히는 데는 몇 년이 걸렸습니다. 당밀 자체가 폭발한 것인지, 볼셰비키나 무정부주의자들이 폭탄 테러를 한 것인지, 아니면 저장 탱크 자체에 결함이 있었는지 파악해야 했으니까요.

    결국 법원은 저장 탱크에 문제가 있다고 판단했습니다. 제대로 검사도 하지 않았고, 설계도 부실했지요. 저장 탱크는 고작 4년 전에 지어졌는데, 당밀을 꽉 채운 것도 고작 여덟 번뿐이었습니다.

문제는 사고 전날 날씨가 매우 추웠다가 다음 날 갑자기 따뜻해졌다는 거예요. 홍수가 일어난 전날 영하 17℃였던 기온이 사고 당일에는 영상 4℃ 이상으로 급격히 올랐지요. 게다가 홍수 발생 전날 회사는 당밀을 저장 탱크에 가득 채운 상태였지요. 그 상태에서 갑작스러운 기온의 상승으로 당밀이 팽창하면서 저장 탱크에 압력이 가해진 것입니다. 그렇게 저장 탱크는 압력을 견디지 못하고 무너졌습니다.

무언가를 설계할 때, 엔지니어들은 건설에 사용되는 재료, 조립 방법, 사용 방식 등에 대한 '불확실성'을 염두에 두어야 합니다. 여러분은 아마도 저장 탱크를 만들기 위해 강철판을 용접하고 리벳으로 고정하는 과정에 대해서는 잘 모를 거예요. 하지만 너무나 유명한 진저브레드 하우스에 대해서는 아마 잘 알고 있겠지요.

만약 여러분이 진저브레드 저장 탱크를 설계하는 엔지니어라면, 먼저 당밀을 담기에 충분한 두께를 알아내기 위해 몇 개의 탱크를 샘플로 만들어 보아야 합니다. 하지만 실제로 만들어진 탱크는 분명 시험 삼아 만든 탱크와 차이가 있을 것입니다. 어떤 진저브레드는 조금 더 오래 구워졌을 수도, 재료 배합이 조금 달라졌을 수도 있지요. 그리고 진저브레드 하우스를 만들 때 사용하는 아이싱도 어느 때는 더 끈적이거나 덜 끈적일 수 있습니다. 매번 진저브레드 하우스를 지을 때마다 여러 가지 차이가 생길 수 있다는 점을 염두에 두

황설탕 3/4컵으로 알아보는 불확실성

어야 하지요.

그러면 진저브레드 엔지니어는 이런 문제에 어떻게 대응해야 할까요? 이런 차이와 변화를 어떻게 보완하고 해결할 수 있을까요?

바로 여유분을 두는 것입니다. 예를 들어, 당밀을 담을 수 있는 강도를 계산했다면 그 2배의 용량을 담을 수 있도록 설계하는 것이지요. 그러면 재료나 공정에서 차이가 있더라도 탱크에 문제가 생길 가능성은 훨씬 낮아집니다. 물론 100% 보장할 수 있는 것은 아니지만, 탱크가 무사할 확률이 높아지는 것이지요.

중요한 문제는 안전 계수를 얼마로 설정할지 결정하는 것입니다. 앞선 예시에서는 2배의 강도를 적용했습니다. 하지만 강도를 높이면 비용도 더 많이 들기 마련이지요. 만약 탱크를 만드는 회사라면, 안전 여유분을 조금 줄이는 것도 고려할 수 있습니다. 2배가 충분하다면, 1.95배도 거의 문제가 없을 테니까요. 이렇게 하면 탱크 생산 비용을 줄이고 경쟁력을 높일 수 있겠지요.

탱크가 한번 파손되면 그 결과는 치명적이겠지만, 실제로 그런 일은 매우 드물게 일어납니다. 당밀 대홍수 당시 급격한 온도 상승과 더불어 그 직전 탱크가 가득 채워진 것처럼, 여러 요인이 동시에 맞아떨어져야 발생하기 때문입니다. 하지만 기업들이 경쟁을 위해 안전 여유분을 조금씩 계속 줄이다가는 결국 대홍수와 같은 재난을 맞을 것입니다. 자유시장 경제체제는 이러한 상황을 조절하기가 쉽지 않지요. 결국 이윤을 추구해야 하니까요.

이런 상황에서는 정부의 규제가 큰 도움이 됩니다. 정부가 특정한 안전 계수를 의무화한다면, 그러면 모든 기업은 동일한 기준하에서 경쟁하게 되고 대중에게는 일정한 수준의 안전이 보장됩니다. 이러한 문제에서 자율 규제는 효과적이지 않습니다. 외부에서 검사하고 특정 요구 사항을 강제할 수 있는 기관이 더 효율적이지요.

진저브레드 하우스를 만들기 위해 재료를 계량하거나 강도를 테스트할 때 발생하는 또 다른 오차 원인은 바로 측정 그 자체입니다. 예를 들어, 황설탕을 3/4컵 계량할 때, 그 측정은 실제로 얼마나 정확할까요?

오차가 발생하는 원인에는 여러 가지가 있습니다. 컵에 설탕을 수평으로 채우지 않았을 수도 있지요. 황설탕이 움푹하게 쌓이거나 볼록하게 쌓였을 수도 있습니다. 레시피 작성자가 의도한 만큼 설탕을 꾹꾹 눌러 담지 않았을 수도 있고요.

하지만 여러분의 계량컵이 3/4컵을 정확하게 담지 못할 가능성도 있습니다. 여러분이 사용하는 계량컵과 계량스푼이 실제로 얼마나 정확한지 어떻게 알 수 있을까요?

측정에 사용되는 도구들은 이미 검증된 표준과 비교해 보아야 합니다. 이를 '교정'이라고 하지요. 어떤 장비들은 표준에 맞추어 눈금을 조정할 수 있습니다. 하지만 계량컵처럼 조정이 불가능한 경우도 있습니다. 사용하기에 무리가 없을 정도로 오차가 매우 작다면 용도에 따라서는 사용해도 문제없을 것입니다. 하지만 오차가 허용치보다 더 크다면 사용하지 말아야겠지요.

교정과 검증은 과학 분야뿐만 아니라 우리 주변에서도 널리 활용

됩니다. 상업적인 목적으로 사용되는 측정 도구들도 검증이 필요하지요. 정부에서는 보통 1년에 한 번씩 마트의 저울이나 주유소의 계량기를 점검해서 오차가 허용된 기준치 범위 안에 들어오는지 확인합니다.

사실 공정하고 공평한 거래를 보장하는 것이 측정 체계를 발명하게 된 이유였습니다. 가장 오래된 측정 체계 중 하나는 5,000년 전에 바빌로니아에서 사용된 것으로, 셰켈shekel이라는 무게 단위를 표준으로 삼습니다. 60셰켈이 1미나mina였고, 60미나가 1탤런트talent였습니다. 공정한 거래를 위해 비교의 기준이 되는 표준 무게추도 보급되었지요.

담당자가 저울을 교정할 때는 표준 무게추 세트를 이용합니다. 하지만 그 무게추들이 정확하다는 것은 어떻게 알 수 있을까요? 무게추 자체도 실험실에서 점검하고 교정해야 합니다. 그러면 실험실의 장비가 정확하다는 것은 또 어떻게 알 수 있을까요? 그 장비 역시 교정이 필요합니다.

이처럼 하나의 교정이 다른 것의 교정에 의존하는 것을 '교정 체인calibration chain'이라고 부르는데, 모든 측정은 이 교정 체인을 통해 관리되고 정확성을 유지합니다. 그러면 교정 체인의 꼭대기에는 무엇이 있을까요? 모든 것의 궁극적인 비교 대상은 무엇일까요?

가장 오래된 단위 중 하나인 큐빗cubit은 팔꿈치에서 가운데 손가락 끝까지의 거리를 의미합니다. 여러분도 짐작할 수 있듯이, 이는 사람마다 꽤 많이 다르지요. 때로는 고대 이집트의 통치자인 파라오의 팔을 기준으로 삼기도 했지만, 이것도 한 사람의 일생 동안에도 변하는 단위였습니다. 이집트와 또 다른 고대 문명에서는 표준이 되는 막대를 만들어서 중요하게 보관했습니다. 그리고 표준 막대 원본을 바탕으로 같은 길이의 다른 막대를 만들어 지역 전체에 보급했지요.

무게는 사람을 기준으로 단위를 만들기가 어려웠지만, 다행히도 곡식 낱알의 크기는 비교적 일정해 곡식을 의미하는 그레인grain을 무게 단위로 사용했습니다. 실제로 오늘날까지도 사용되고 있고요.

하지만 표준 막대와 같은 기준만으로는 오늘날의 엄밀한 측정을 만족시킬 수 없습니다. 우리에게는 인공적이지 않은, 자연에서 발견할 수 있는 매우 안정적인 측정 기준이 필요하지요. 파리에 본부를 둔 국제도량형국The International Bureau of Weights and Measures은 이러한 표준을 개발하는 일을 담당하고 있습니다.

예를 들어, 1초s는 공식적으로 다음과 같이 정의됩니다.

세슘-133 원자의 바닥 상태에 있는 두 초미세 에너지 준위 간의 전이에
대응하는 복사선의 9,192,631,770주기의 지속 시간.

이 정의가 정확히 무엇을 뜻하는지 자세히 설명하지는 않겠습니다. 하지만 시간의 정의는 원자 내에서 전자가 서로 다른 에너지 준위 사이를 이동하는 것과 관련 있습니다. 이는 전 세계 모든 실험실에서 측정할 수 있는데, 심지어 외계 지적 생명체들도 우리가 정의한 1초를 알아내고 이해할 수 있을 것입니다. 세슘은 우주 어디에서

나 동일한 성질을 가질 테니까요.

일단 1초가 정의되면, 우리는 이를 바탕으로 다른 것도 정의할 수 있습니다. 길이의 기본 단위인 미터ᵐ는 항상 일정한 빛의 속력으로 정의됩니다.

진공에서 빛이 1/299,792,458초 동안 진행한 경로의 길이.

이러한 측정 체계를 개선하는 일은 현재도 진행 중입니다. 질량의 단위 표준인 킬로그램ᵏᵍ은 원래 물 1리터ᴸ의 질량으로 정의되었습니다. 하지만 이는 그다지 정확하지 않았지요. 물에는 여러 물질이 녹아 있을 수 있고, 물의 밀도도 온도와 압력에 따라 크게 달라질 수 있기 때문입니다.

1889년에는 백금 이리듐으로 만든 원통 모양의 추가 킬로그램의 전 세계 표준이 되었습니다. 하지만 누구나 짐작할 수 있듯이, 시간이 지나면서 이 원통의 원자가 손실되는 염려가 있었기에 더 나은 표준이 필요했습니다. 2019년, 불과 몇 년 전에야 킬로그램의 공식 대체 기준이 마련되었는데, 이는 양자역학의 핵심 상수이자 광자의 에너지양을 결정하는 플랑크 상수ᴾˡᵃⁿᶜᵏ'ˢ constant에 기반합니다.

이제 모든 측정은 우주의 상수를 바탕으로 이루어지고 있습니다. 여러분의 부엌 서랍에 있는 3/4컵의 황설탕도 결국은 세슘의 방사선, 광자의 에너지, 그리고 빛의 속력까지 거슬러 올라갑니다. 부엌 서랍에 있는 물건 치고는 나쁘지 않지요?

CHAPTER 10

제빵과 아이스크림
샌드위치로 알아보는
열역학

THERMODYNAMICS EXPLAINED WITH
BAKING AND AN ICE CREAM SANDWICH

2019년, 국제우주정거장에 제빵을 위한 특수 오븐이 실려 올라갔습니다. 이 오븐으로 처음 구운 것이 무엇이었을까요? 여러분도 눈치챘겠지만, 바로 초콜릿 칩 쿠키였습니다.

우리는 보통 음식을 높은 온도에서 조리합니다. 그리고 이런 높은 온도에서는 초콜릿 칩이 녹거나 수플레가 부풀어 오르는 것처럼 물리적, 화학적 변화가 일어나지요. 하지만 이것은 다른 많은 효과도 가져올 수 있습니다. 예를 들어, 케이크 속의 기포를 팽창시켜 케이크를 더 부드럽게 만들거나 박테리아를 죽이는 것입니다.

어떤 목적으로 사용하든, 일반적인 오븐들은 대체로 같은 방식으로 작동합니다. 오븐 상단에 있는 발열체의 온도가 올라가면, 그 열로 인해 음식의 온도도 올라가는 방식이지요.

열이란 무엇인가?

그러면 발열체의 열은 어떻게 쿠키까지 전달될까요? 그리고 온도란 정확히 무엇일까요? 1700년대에는 온도와 관련된 여러 가지 이론이 있었지만, 그중 가장 널리 인정받은 것은 열소설caloric theory이었습니다. 이 이론에서는 열이 '열소'라는 보이지 않는 유체로 이루어져 있고, 열소가 뜨거운 물체에서 차가운 물체로 이동한다고 말했습니다. 하지만 1800년대에 이르러 과학자들은 열이 단순히 분자들의 진동이라는 사실을 발견했습니다. 분자들이 더 빠르게 움직일수록 우리가 더 뜨겁다고 느끼는 것뿐이지요.

일반적인 오븐에서는 위나 아래에 있는 발열체가 전기에 의해 가열됩니다. 그리고 이 열이 쿠키까지 전달되지요. 이때 열은 마치 당구대 위에서 수많은 당구공들이 서로 부딪치듯이 다른 분자들과 충돌하면서 전달됩니다.

처음에는 오븐 안의 모든 공기 분자가 거의 같은 속력으로 움직입니다. 다시 말해, 거의 같은 에너지를 가지고 있지요. 하지만 발열체가 가열되면 일부 분자들이 발열체와 부딪치면서 에너지를 얻어 더 빠르게 움직입니다. 그리고 이 분자들은 천천히 움직이는 다른 분자들과 충돌하면서 에너지를 전달합니다. 그래서 시간에 따라 점점 모든 분자의 평균 에너지가 올라가는 것이에요.

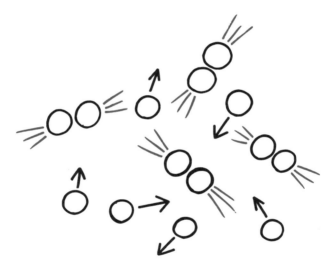

이런 충돌들이 어떤 결과를 가지고 오는지 한번 살펴볼까요? 먼저 오븐이 가열되려면 이런 충돌들이 단계적으로 모두 일어나야 하기에 시간이 꽤나 걸립니다. 또한 발열체와 가까운 곳의 온도가 오븐 중앙부보다 더 뜨거울 수밖에 없지요. 때로는 그 둘의 온도 차이가 상당히 크기도 하고요.

예를 들어, 여러분이 쿠키를 2개의 오븐 선반에 나누어 굽는다면, 아래쪽 선반의 쿠키가 위쪽 선반의 쿠키보다 열원으로부터 더 멀리 떨어져 있기에 더 천천히 구워지는 것을 눈으로 확인할 수 있을 거예요.

분자들의 충돌로 열이 한 곳에서 다른 곳으로 퍼지는 과정을 '**전도**conduction'라고 합니다. 공기 분자들이 쿠키와 충돌하면서 자신들의 에너지를 쿠키의 분자들에게 전달하지요. 이 과정에서 쿠키 분자들에 열을 전달한 공기 분자들은 에너지를 잃고 식어갑니다. 이렇게 에너지를 잃은 공기 분자들은 더 뜨겁고 에너지가 높은 공기 분자들이 자신들과 부딪쳐 다시 에너지를 높여주기를 기다립니다. 그래야

제빵과 아이스크림 샌드위치로 알아보는 열역학

다시 쿠키와 충돌할 수 있는 에너지를 갖게 되거든요. 다시 한번, 이 과정에는 시간이 걸립니다.

이런 상황에서 가장 효율적인 방법은 음식에 에너지를 전달한 분자들이 쿠기로부터 빠르게 물러나고 에너지가 더 높은 분자들이 그 자리를 메우는 것입니다. 마치 에너지를 전달하는 컨베이어 벨트처럼 말이에요.

열이 이렇게 전달되는 방식은 '**대류**convection'라고 하는데, 이것이 바로 컨벡션 오븐에서 사용하는 원리입니다. 컨벡션 오븐 안의 팬이 뜨거운 공기를 순환시키면서 식은 분자들은 발열체 쪽으로 보내고 뜨거운 공기를 쿠키 쪽으로 보내는 것입니다.

주방의 다른 곳에서도 이와 비슷한 현상을 볼 수 있습니다. 바로 끓는 물이 담긴 냄비지요. 차가운 물은 뜨거운 물보다 밀도가 높습니다. 그래서 아래에서 물이 가열되면, 뜨거운 공기가 위로 올라가는 것처럼, 뜨거운 물은 위로 올라가고 차가운 물은 아래로 내려갑니다. 그리고 차가운 물이 불 근처로 이동해 더 빨리 가열되면서 이런 순환이 반복적으로 일어나게 되지요.

만약 물을 아래가 아니라 위에서 끓인다면 훨씬 더 오랜 시간이 걸릴 것입니다. 물론 그렇게 할 이유는 없겠지만요.

여러분도 잠깐 생각해 보면, 오븐의 발열체에서 나온 에너지가 중앙에 놓인 음식까지 전달되는 데는 시간이 꽤 걸린다는 것을 예상할 수 있습니다. 그런데 만약 음식이 공기를 통한 무작위적인 충돌 없이 직접 가열된다면? 정말 효율적이겠지요.

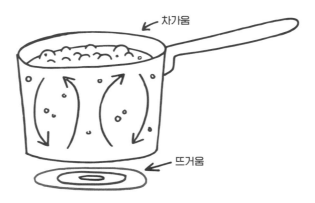

이것이 바로 전자레인지의 작동 원리입니다. 전자기파는 공기와 상호작용하지 않고 그대로 물 분자에 직접 에너지를 전달합니다. 음식 안의 물 분자들은 전자기파를 맞고 활발하게 진동하면서, 음식을 이루는 다른 분자들과 부딪치며 에너지를 전달하지요. 이때 모든 전도는 음식 안에서 일어나기 때문에, 열이 발열체로부터 공기를 거쳐 음식으로 전달되는 과정을 건너뛸 수 있습니다.

그러면 국제우주정거장으로 보낸 특수 오븐으로 구운 쿠키는 어땠을까요?

쿠키를 굽는 데 평소보다 더 오랜 시간이 걸렸고, 쿠키가 퍼지는 정도도 적었다고 합니다. 이 두 가지 현상 모두 무중력 환경 때문이었지요. 컨벡션 오븐이 아닌 일반 오븐에서도 온도 차이로 공기가 조금은 움직이게 되는데, 무중력 상태에서는 뜨거운 공기가 위로 올라가지 않거든요.

우주에서는 물을 끓여도 물속에서 대류가 일어나지 않습니다. 모든 수증기 방울이 냄비 바닥에 머무는 거예요. 지구에서는 중력이 물을 아래로 더 강하게 당기기 때문에 기포가 위로 올라가는데(물이 아래로 당겨지면서 기포가 위로 밀려 올라가는 거예요), 중력이 없을 때는 이런 현상이 일어나지 않는 것이지요.

이제 열을 가하는 것에서 식히는 것으로 눈을 돌려볼까요? 저에게 여름이 주는 가장 큰 즐거움 중 하나는 더운 여름날 아이스크림 샌드위치를 먹는 것입니다. 두 겹의 초콜릿 칩 쿠키와 그 사이의 바닐라 아이스크림은 정말 기막히는 조합이지요.

아이스크림의 역사는 적어도 1500년대까지 거슬러 올라갑니다. 냉장고가 발명되기 훨씬 전이지요. 아이스크림을 만들기 위해서는 재료의 온도를 영하까지 낮추어 반고체 상태의 크림 같은 질감을 만들어야 합니다. 보통 아이스크림은 영하 21℃ 정도에서 보관하고 제공되지요.

그런데 그 옛날 어떻게 이런 일이 가능했을까요? 냉장고가 발명되기도 한참 전인 한여름에, 어떻게 물이 어는 점인 0℃보다 훨씬 낮은 온도로 아이스크림을 만들 수가 있었을까요?

비밀은 얼음에 소금을 넣는 것입니다. 소금물은 순수한 물보다 녹는점이 더 낮습니다. 물 안의 소금 입자들이 물 분자가 고체 상태로 유지하는 것을 방해하기 때문이지요. 그래서 소금물은 순수한 물보다 훨씬 더 낮은 온도에서 업니다. 반대로 생각하면, 이는 얼음에 소금을 넣으면 더 낮은 온도에서 물로 녹는다는 뜻이기도 합니다.

눈과 얼음이 많은 추운 지역의 사람이라면 얼음을 녹이기 위해 소금을 뿌린다는 사실을 알고 있을 거예요. 요즘은 염화칼슘을 소금 대신에 사용하기는 하지만, 이것도 모두 같은 원리이지요.

아이스크림을 만들 때는 재료가 담긴 그릇 주위에 얼음을 가득 채우고 그 얼음에 소금을 섞습니다. 이렇게 하면 얼음의 온도가 소금물의 녹는점인 영하 21℃까지 낮아지는데, 이 온도가 바로 우리가 아이스크림을 만들기에 딱 알맞은 온도입니다!

하지만 얼음의 온도는 어떻게 이렇게 낮아지는 것일까요? 열역학 법칙에 따르면 계system의 총 열량은 변하지 않는데 말이지요. 그러면 이 과정에서 다른 것의 온도가 올라가고 있는 것일까요? 얼음도, 아이스크림 재료도 모두 차가워지기만 하는 것처럼 보이는데 말이지요. 이해를 돕기 위해 다른 예부터 살펴봅시다. 오븐에서 갓 꺼낸 따뜻한 쿠키를 차가운 우유에 담그면, 둘의 온도가 모두 변합니다. 쿠키는 식고 우유는 따뜻해지지요. 이는 활발하게 움직이는 쿠키의 분자들이 천천히 움직이는 우유의 분자들과 부딪치면서 에너지를 전달하기 때문입니다.

하지만 처음에 쿠키가 65℃이고 우유가 4℃라면, 쿠키는 절대로 4℃보다 낮아질 수 없고, 우유는 65℃보다 높아질 수 없습니다. 결국 쿠키와 우유의 최종 온도는 그 사이 어디에 있을 수밖에 없지요. 이렇게 생각하면 우리는 쿠키의 온도를 4℃ 아래로 낮출 수 없습니다.

하물며 영하 21℃는 말할 것도 없고요.

그러면 실제로는 어떤 일이 일어나는 것일까요?

얼음을 햇빛 아래 두었을 때를 생각해 봅시다. 얼음의 표면 온도는 빠르게 0℃까지 올라가고, 그다음에는 얼음이 완전히 녹을 때까지 이 온도를 그대로 유지합니다. 즉, 얼음이 물로 변하는 동안에는 온도가 계속 0℃를 유지하는 것이지요.

여기 얼음이 녹는 과정에서 일어나는 온도 변화를 보여주는 그래프가 있습니다.

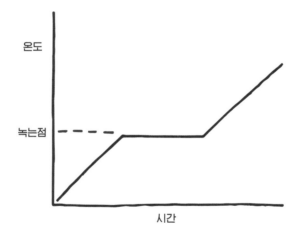

얼음의 온도는 녹는점에 도달할 때까지 계속 올라가다가, 얼음이 녹는 동안에는 온도가 그대로 유지됩니다. 그리고 얼음이 완전히 물로 변하고 나서야 비로소 온도가 다시 올라가기 시작합니다.

여기서 꼭 기억해야 하는 점은, 온도란 분자들이 얼마나 활발하게 진동하고 있는지를 보여주는 척도라는 것입니다. 하지만 이것이 시스템 전체가 가지고 있는 에너지의 양과 반드시 일치하지는 않지요.

얼음이 녹는점에 도달했을 때, 태양과 같은 얼음을 데울 수 있는 열원으로부터 받는 추가 에너지는 분자의 진동을 증가시키는 데 사용되지 않습니다. 그 대신 추가 에너지는 단단하게 결합된 얼음 분자들을 분리해 액체 상태의 물로 만드는 데 쓰이지요.

물이 끓을 때도 동일한 현상이 일어납니다. 모든 물이 수증기로 변할 때까지 온도는 100℃를 유지하고, 그다음에야 비로소 수증기의 온도가 올라가기 시작합니다.

이것이 바로 우리가 끓는 물로 요리하는 중요한 이유 중 하나입니다. 끓는 물은 온도가 일정하게 유지되기에, 예컨대 파스타를 얼마나 오래 끓여야 하는지를 정확하게 알 수 있지요. 온도를 계속 확인하거나 물이 과열되는 것을 걱정할 필요가 없는 거예요. 애초에 더 뜨거워질 수가 없으니까요.

우리가 더운 날 땀을 흘릴 때 시원함을 느끼는 것도 같은 원리입니다. 땀은 우리 몸과 같은 온도를 가지고 있습니다. 그런데 우리 피부의 열은 피부의 땀방울을 공기 중으로 증발시킵니다. 땀방울의 온도는 변하지 않았지만, 땀이 증발하면서 열에너지를 방출한 거예요. 이것이 우리가 땀을 흘리고 나서 시원함을 느끼는 이유이지요.

얼음에 소금을 넣었을 때도 이와 비슷한 현상이 일어납니다. 얼음과 소금이 섞이면, 소금물의 녹는점이 일반 얼음의 녹는점보다 낮아지면서 얼음이 녹기 시작합니다. 하지만 이때 (단단하게 결합된 얼음 분자들을 분리해 액체 상태의 물로 만드는) 에너지를 다른 어디에서 빼

제빵과 아이스크림 샌드위치로 알아보는 열역학

앗아야 합니다. 우리의 경우에는 그 주변에 아이스크림 재료와 0℃의 다른 얼음들이 있어서, 이것들이 온도를 빼앗기게 되는 것이지요. 다시 말해, 소금 섞인 얼음이 녹으면서 재료들의 온도는 점점 더 낮아지고, 결국에는 영하 21℃까지 내려가게 되는 거예요.

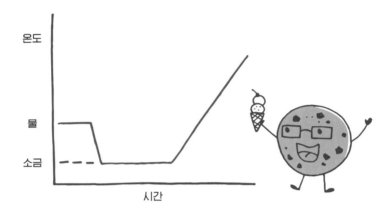

집에서도 할 수 있는 재미있는 과학 실험이 하나 있습니다. 바로 지퍼 백으로 아이스크림을 만들어 보는 것이지요. 작은 지퍼 백에 우유와 설탕, 바닐라 시럽을 넣고 꼭 밀봉합니다. 그다음 큰 지퍼 백에 얼음과 굵은 소금을 넣고, 그 안에 작은 지퍼백을 넣은 다음 큰 지퍼백을 단단히 밀봉합니다.

이제 이 지퍼백을 5분 정도 흔들면 아이스크림이 만들어진답니다! 단, 이 실험을 할 때, 지퍼 백을 반드시 신문지로 감싸거나 장갑을 끼는 것이 좋습니다. 얼음과 소금이 섞이면서 지퍼 백이 순식간에 차가워지기 때문입니다. 이렇게 직접 만든 맛있는 아이스크림을 먹으면서, 온도와 에너지가 서로 다른 개념이라는 점도 한번 생각해 보면 좋겠습니다.

1800년대의 과학자들은 에너지와 열, 그리고 (열의 힘을 뜻하는) **열역학**thermodynamics을 연구하는 데 많은 시간을 보냈습니다. 그들은 이 지식을 한데 모아 세 가지 '법칙'으로 정리했지요.

열역학 제1법칙은 닫힌계에서 에너지가 보존된다는 것입니다.

2장에서 이야기한 것처럼, 에너지는 다른 형태로 바뀔 수는 있지만, 새로 생기거나 없어지지는 않습니다. 하지만 무언가 이상하지 않나요? 우리는 늘 에너지를 만들어 내는 것 같은데 말이지요. 여기서 핵심은 **닫힌계**closed system입니다. 예를 들어, 우리 몸은 어떨까요? 우리 몸은 닫힌계가 아닙니다. 음식을 먹고 숨을 들이마시면서 끊임없이 밖으로부터 에너지를 받지요. 지구도 마찬가지입니다. 태양으로부터 끊임없이 에너지를 받아들이기 때문에 닫힌계가 아닙니다.

열역학 제2법칙은 에너지로 어떤 일을 할 때, 그 에너지의 일부는 반드시 손실된다는 것입니다. 예를 들어, 물체를 움직이는 데 사용한 에너지를 전부 회수해서 다시 사용할 수는 없는 것이지요. 이렇게 잃어버리는 에너지를 '**엔트로피**entropy'라고 합니다. 제2법칙에 따르면, 우리가 무언가를 할 때마다 엔트로피는 증가할 수밖에 없습니다. 점점 더 많은 에너지가 손실되는 것이지요.

열역학 제3법칙은 절대 영도의 존재에 관한 것입니다. 모든 분자의 움직임이 완전히 멈추는 온도가 있다는 뜻입니다.

열역학 제2법칙으로 다시 돌아가 볼까요? 이 법칙이 만들어 내는

제빵과 아이스크림 샌드위치로 알아보는 열역학

흥미로운 현상 중 하나가 바로 '시간의 화살'입니다. 엔트로피는 항상 증가하기만 합니다. 하지만 물체의 움직임을 설명하는 뉴턴^{Isaac} ^{Newton}의 법칙들, 그리고 그로부터 100년 뒤에 등장한 아인슈타인의 법칙들에는 시간에 방향성이 없습니다. 이 방정식들은 시간을 거꾸로 돌려도 그대로 작동하지요. 물체들은 여전히 서로 부딪치고, 행성은 계속 공전합니다.

온도는 원자들이 움직이면서 만들어집니다. 그러면 원자들을 반대 방향으로 움직이게 하면 엔트로피를 되돌릴 수도 있지 않을까요?

그런데 여기, 생각해 보아야 할 문제가 하나 있습니다. 에너지는 만들어지거나 없어지지 않는다는 제1법칙, 그리고 한번 사용한 에너지는 전부 회수해서 다시 사용할 수 없다는 제2법칙이 언뜻 서로 모순되는 것처럼 보인다는 점이에요. 에너지는 없어질 수 없는데, 다시 사용할 수도 없다면, 그 에너지는 도대체 어디로 가는 것일까요?

뉴턴의 법칙이 틀린 것일까요? 아니면 우리가 모르는 다른 무언가가 있는 것일까요?

이 궁금증을 해결하기 위해서는 반죽을 만드는 세계로 넘어가야 합니다.

CHAPTER 11

반죽으로 알아보는 엔트로피

ENTROPY EXPLAINED WITH MIXING

레시피의 첫 단계는 밀가루와 소금, 베이킹소다를 섞는 것입니다. 얼핏 보면 이 재료들은 전혀 변하지 않는 것처럼 보이지요. 충분히 섞고 나서도 그릇 안을 자세히 들여다보면 각각의 재료들을 구분할 수 있을 정도니까요.

하지만 실제로는 매우 중요한 현상이 발생합니다. 이론적으로야 섞인 재료들을 다시 나눌 수 있겠지요. 밀가루는 밀가루대로, 소금은 소금대로, 베이킹소다는 베이킹소다대로 말이에요. 이론적으로는 나눌 수 있겠지요. 하지만 그렇게 하기 위해서는 엄청난 시간과 에너지가 필요합니다. 결국 재료를 섞는 일은 한번 시작하면 돌이킬 수 없는 과정이나 다름없습니다.

뉴턴과 아인슈타인의 운동 법칙이 지닌 중요한 특징 중 하나는 시간이 앞으로 가든 뒤로 가든 똑같다는 점입니다. 행성들이 태양 주위를 도는 영상을 거꾸로 재생하더라도, 우리는 그 영상이 거꾸로 재생되고 있다는 것을 알아차리지 못할 것입니다.

하지만 조금 전처럼 밀가루와 소금, 베이킹소다를 섞는 경우에서는 전혀 다른 사실이 나타납니다. 바로 '시간의 화살'이 존재한다는 점이지요. 과학자들이 이 시간의 화살을 설명하고자 노력하면서 과학은 더욱더 깊고 흥미로운 발견들로 발을 내딛게 되었습니다.

무언가를 이해하려고 할 때, 과학자들은 종종 간단한 모델을 만들고는 합니다. 우리에게는 이미 좋은 모델이 있습니다. 바로 크림으로 장식한 쿠키들이지요.

각각의 쿠키는 크림이 위를 향하거나 아래를 향하는 두 가지 상태만 가질 수 있습니다. 처음에는 모든 쿠키가 크림이 위를 향하게 놓을게요.

이렇게 정돈된 상태는 우리가 밀가루와 설탕, 그리고 그 밖의 서로 다른 여러 재료들을 그릇에 하나씩 넣었을 때와 비슷합니다. 마치 모든 쿠키가 같은 방향을 향하고 있는 것처럼, 재료들도 아직 따로따로 섞이지 않고 모여 있는 상태지요.

자, 이제 게임하듯이 쿠키를 한번 섞어볼까요? 눈을 감고 아무 쿠키나 하나를 골라서 뒤집어 보는 거예요. 크림이 위를 향하고 있으면 아래를 향하게, 아래를 향하고 있으면 위를 향하게 뒤집는 방식으로요.

이제 이 과정을 계속 반복해 봅시다.

처음에는 모든 쿠키가 위를 향하고 있으니, 첫 번째로 고른 쿠키는 무조건 아래로 뒤집히겠지요. 그래서 첫 번째 단계를 거치고 나면 1개의 쿠키만 아래를 향하고 나머지는 모두 위를 향하게 됩니다. 두 번째로 고른 쿠키는 아마 위를 향하고 있는 쿠키일 테니 이것도 아래로 뒤집히겠지만, 어쩌면 처음 뒤집었던 그 쿠키를 다시 골라 위로 뒤집을 수도 있습니다. 하지만 이런 과정을 계속 반복하다 보면, 결국에는 절반은 위를 향하고 절반은 아래를 향하게 됩니다.

이렇게 쿠키를 뒤집는 과정은 재료를 섞는 과정과 비슷합니다. 처음 정돈된 상태가 점점 흐트러지는 것이지요.

자, 그럼 쿠키 10개로 이 뒤집기 과정을 100번 반복하면 어떻게 될까요? 미리 시뮬레이션을 해보았는데, 그 결과를 보여드리겠습니다.

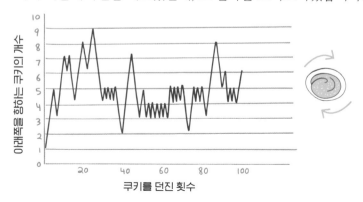

반죽으로 알아보는 엔트로피

매번 실험할 때마다 그래프의 모양은 조금씩 다르지만, 전체적인 패턴은 비슷하게 나타납니다.

첫 번째 뒤집기 후에는 매번 1개의 쿠키만 아래를 향하기에 그래프도 늘 숫자 '1'부터 지나갑니다. 그러다 아래를 향하는 쿠키의 개수가 빠르게 증가해, 위를 향하는 쿠키와 아래를 향하는 쿠키의 수가 거의 반반에 이르게 되지요. 그 뒤로는 약간의 변동은 있지만, 대체로 절반에 가까운 상태를 계속 유지합니다. 그래프를 살펴보면, 아래를 향하는 쿠키가 9개까지 늘었다가 2개까지 줄어들었다는 점을 알 수 있습니다. 하지만 대부분 4개에서 6개 사이를 왔다 갔다 한다는 것을 볼 수 있습니다.

이제 쿠키를 100개로 늘리고, 1,000번 뒤집어 보면 어떨지 살펴볼까요? 그래프가 어떤 모양으로 변하는지 한번 보겠습니다.

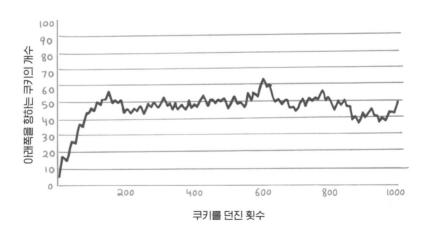

두 그래프의 모양은 서로 비슷합니다. 빠르게 상승하다가 안정되

는 패턴이 나타나지요. 하지만 위와 아래 비율이 반반이 되면, 그 후로는 이전보다 훨씬 좁은 범위에서만 움직입니다. 아래를 향하는 쿠키의 수가 적게는 38개에서 많게는 64개 사이에서 유지되지요.

이제 다시 10배로 늘려서, 쿠키 1,000개를 1만 번 뒤집어 볼까요? 여기 그래프가 있습니다.

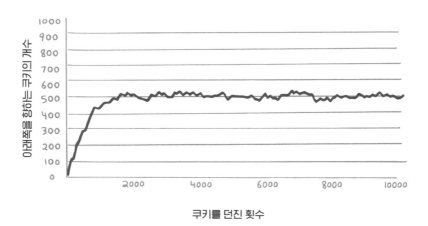

쿠키를 던진 횟수

비슷한 패턴이 더 큰 스케일로 나타났네요. 그래프가 반반에 도달할 때까지 빠르게 증가한 다음 좁은 범위 안에서만 움직입니다. 이번에는 470개에서 530개 사이를 맴돌고 있습니다.

그러면 모든 쿠키가 다시 위를 향하는 상태, 그러니까 쿠키를 뒤집기 시작했을 때처럼 다시 가지런한 상태로 돌아갈 수는 없을까요? 가능성이 전혀 없는 것은 아닙니다. 하지만 그럴 가능성은 정말 낮지요.

10개의 쿠키라면 가능성이 꽤 있습니다. 250번 정도 뒤집다 보면

한 번쯤은 처음 상태로 돌아갈 수 있지요.

하지만 쿠키가 100개라면 이야기가 달라집니다. 모든 쿠키가 다시 위를 향하려면, 아래를 향하는 50개의 쿠키만 정확하게 뒤집어야 하는데, 이런 일이 일어날 확률은 10^{29}분의 1입니다. 1초에 한 번씩 뒤집는다고 해도 약 30조 년이 걸릴 텐데, 이는 우주의 나이보다 거의 2,000배나 긴 시간입니다. 말 그대로 상상하기 어려울 정도의 긴 시간이지요.

쿠키가 1,000개라면, 그 확률은 휴대용 계산기로도 계산할 수 없을 정도입니다. 아마도 10^{200}분의 1 정도일 텐데, 이는 우리가 가늠조차 하기 어려울 정도로 큰 천문학적인 수입니다.

그런데 밀가루, 소금, 베이킹소다를 한데 섞을 때는 훨씬 더 어마어마한 수와 마주하게 됩니다. 우리가 고작 100개나 1,000개의 쿠키로도 이토록 큰 숫자를 얻었는데, 그릇 안의 소금, 밀가루, 베이킹소다 입자들은 얼마나 많겠어요. 1,000개와 비교도 할 수 없을 만큼 큰 수일 것입니다. 이런 재료들을 섞다 보면, 재료들이 뒤섞인 상태는 무수히 많이 나타나는 한편 모든 소금이 다시 한 곳에 모이는 특별한 상태는 일어나지 않습니다.

그러면 섞인 재료들 사이에서 소금만 한 곳에 따로 모이는 일은 일어날 수 없는 것일까요? 이론적으로는 가능합니다. 하지만 그럴 가능성이 너무나 작아서, 그 가능성을 상상하는 것조차 힘들지요. 100개의 쿠키를 원래대로 되돌리는 데 10^{29}년이 걸린다면, 수없이 많은 알갱이로 이루어진 재료들이 저절로 다시 모이는 데는 얼마나 오랜 시간이 걸릴까요? 아마도 우리가 상상하거나 짐작하는 범위도 훌쩍 넘어설 거예요.

이제 앞 장에서 던진 수수께끼에 답할 시간입니다. 열역학 법칙에 따르면 모든 것은 점점 더 무질서해집니다. 하지만 뉴턴의 법칙은 모든 것이 원래 상태로 돌아갈 수 있다고 말하지요. 포켓볼 공들이 정확한 방향으로 움직이기만 한다면 처음처럼 삼각형 모양으로 다시 모일 수 있고, 밀가루, 베이킹소다, 소금도 섞다 보면 다시 원래대로 분리된다고 말하는 것이지요. 하지만 우리가 방금 보았듯이, 실제로 이런 일이 일어날 가능성은 없다고 보아도 무방하지요.

사실 열역학 제2법칙은 매 순간 들어맞는 절대적인 법칙은 아닙니다. 그보다는 확률에 근거하는 법칙이지요. 무질서한 정도를 나타내는 엔트로피가 점점 늘어나는 이유는, 단지 그렇게 될 확률이 압도적으로 높기 때문입니다. 물론 무질서도가 줄어들 수도 있지만, 그럴 가능성이 너무나도, 말 그대로 믿기 어려울 정도로 낮을 뿐이지요.

앞에서 소개한 쿠키 뒤집기 그래프를 다시 한번 볼까요? 쿠키의 개수가 10개에서 100개, 100개에서 1,000개로 늘어날수록 그래프가 위아래로 움직이는 폭이 점점 좁아지는 것을 확인할 수 있습니다.

우리 주변의 사물들이나 저 멀리 있는 행성과 별들은 상상하기 힘들 만큼 수많은 입자들로 구성되어 있습니다. 생각해 보면, 티스푼

하나에 담긴 소금만 하더라도 약 1만 개의 소금 알갱이로 이루어져 있고, 이것을 그보다 더 작은 분자 수준에서 세보면 무려 10^{22}개나 되는 염화소듐^{NaCl} 분자가 존재합니다. 그래서 각각의 입자들이 이리저리 움직임에도, 티스푼에 담긴 소금 안에 입자들이 너무나도 많다 보니 전체적으로는 안정되어 보이는 것입니다.

우유와 쿠키에 대한 5장의 이야기로 되돌아가 보면, 아주 작은 분자들은 양자역학이라는 특이한 법칙을 따릅니다. 하지만 티스푼에 담긴 소금은 우리가 예상하는 방식으로 아주 정상적으로 움직이지요. 그 이유를 조금 더 깊이 알아봅시다.

열역학 제2법칙에 따르면, 바깥으로부터 에너지가 들어오지 않는 닫힌 상자 안에서는 엔트로피가 꾸준히 증가합니다. 하지만 에너지를 새로 공급한다면 엔트로피를 줄일 수 있지요. 지난 장에서 본 끓는 물이 담긴 냄비가 좋은 예시입니다. 냄비 아래쪽 물이 온도가 높아지면 위로 올라갔다가 식으면서 다시 아래로 내려오기를 반복했지요. 이렇게 냄비 안에서 규칙적으로 움직이는 물은 그저 가만히 있는 물보다 오히려 더 질서 정연합니다. 이렇게 순환하는 흐름에서는 물 분자들이 움직일 수 있는 방법이 한정되어 있기 때문이지요.

하지만 이것은 열역학 제2법칙에 위반되지 않습니다. 전체적인 계를 생각해 보아야 합니다. 예를 들어볼까요? 냄비를 데우기 위한 불꽃을 만들기 위해서는 천연가스를 태워야 하는데, 이때 생기는 엔트로피의 증가는 물에서 줄어드는 엔트로피보다 훨씬 큽니다. 결국 물과 불꽃을 모두 포함한 전체 시스템에서는 엔트로피가 증가하는 것이지요.

지구는 매시간 약 17만 3,000테라와트시^{TWh}라는 어마어마한 양의 에너지를 태양으로부터 공급받습니다. 이 수치가 얼마나 큰지 가늠이 되나요? 인류가 1년간 사용하는 에너지와 맞먹는 엄청난 양입니다.

이 어마어마한 에너지 중에서 많은 양은 다시 우주로 돌아갑니다. 하지만 일부는 대기에 흡수되어 다양한 기후 패턴을 만들어 내지요. 제트기류나 폭풍, 계절풍이 바로 그런 것들입니다. 이런 현상들은 지구가 태양의 에너지를 사용해 엔트로피를 줄이는 방법입니다. 대기가 아무렇게나 움직이는 것보다는 패턴을 가지고 움직이는 것이 훨씬 더 질서 있는 모습이니까요.

하지만 지구의 엔트로피를 감소시키는 가장 놀라운 비밀은 바로 생명입니다. 놀랍게도 생명은 끊임없이 무질서와 맞서 싸우고 있지요. 태양에서 오는 에너지 덕분에 생물들은 무질서 이겨내 질서를 만들고, 자라나며, 번식할 수 있는 것입니다.

생명은 어떤 면에서 태풍과 비슷합니다. 태양 에너지를 받아서 자신만의 특별한 모습을 만들고 그것을 유지하거든요. 하지만 생명은 태풍보다 훨씬 더 정교하고 아름다운 형태를 드러냅니다.

생명은 마치 지구를 감싸고 있는 얇은 층과 같습니다. 이 생명이라는 신비로운 층은 햇빛을 받아 헤아릴 수 없이 다양한 형태와 놀라운 변화를 이끌어 냅니다. 멀리서 지구를 바라보면, 태양 에너지를 받아 살아 숨 쉬는 그 모습이 그야말로 경이롭기만 할 테지요.

CHAPTER 12

바닐라로 알아보는
카오스

CHAOS EXPLAINED WITH VANILLA

과학에서는 원인과 결과를 연결해 미래를 예측하는 것이 매우 중요
합니다. 하지만 바닐라의 역사를 돌아보면 이런 예측이 얼마나 어려
운 일인지, 그리고 이것이 우주에 대해 무엇을 알려주는지 배울 수
있습니다.

아프리카의 마다가스카르는 오늘날 세계에서 가장 많은 바닐라를
생산하는 나라입니다. 그런데 놀랍게도, 마다가스카르가 바닐라를
이토록 많이 생산할 수 있었던 것은 어느 열두 살 소년의 영특한 생
각 덕분이었지요. 작은 일이 때로는 엄청난 결과를 가져올 수 있다
는 것을 보여주는 사례로 손색이 없습니다.

바닐라 빈은 중남미가 원산지인 난초로부터 얻을 수 있는 향신료입니다. 유럽인들이 아즈텍 제국을 정복하고 식민지로 만들면서 이 바닐라가 다른 대륙으로 퍼져나가기 시작했지요. 하지만 같은 아메리카 대륙에서 나온 초콜릿과 달리, 바닐라가 세계적으로 사랑받기까지는 훨씬 더 오랜 시간이 필요했습니다. 1700년대에 이르러서야 유럽에서 초콜릿 음료에 바닐라를 넣어 마시기 시작했고 엘리자베스 1세 여왕이 즐겨 찾는 향신료가 되었습니다. 프랑스에서도 진귀한 식재료로 대접받게 되었지요. 토머스 제퍼슨은 프랑스에서 처음 바닐라를 맛보고 미국 버지니아로 돌아갈 때 바닐라 아이스크림을 만드는 법까지 손수 적어 가기도 했지요.

이렇게 바닐라가 엄청난 인기를 얻자 그 가격도 천정부지로 치솟았습니다. 그 인기에 비해 바닐라 빈을 얻는 것은 무척이나 까다로웠기 때문이지요. 바닐라 꽃은 한번 피면 고작 24시간만 피어 있고 특별한 몇몇 곤충만이 이 바닐라 꽃의 수분을 돕거든요.

1800년대에는 멕시코가 바닐라를 가장 많이 생산하는 나라였습니다. 이를 보고 많은 식물학자들은 사업 기회를 엿보았습니다. 다른 지역에서도 바닐라를 키워보려고 한 거예요. 하지만 그 지역에는 바닐라 꽃의 수분을 도와주는 벌이 없어서 자연스러운 수분이 불가능했고, 사람이 일일이 손으로 수분시키기에는 힘든 것은 차치하더라도 시간이 너무 오래 걸렸습니다.

바로 이때 열두 살 소년 에드먼드 알비우스Edmond Albius가 등장합니다. 에드먼드는 인도양에 있는 레위니옹이라는 섬에 살았는데, 이 섬은 마다가스카르 바로 동쪽에 있었습니다. 프랑스 식민지 개척자들이 1820년대에 이 섬에 바닐라 식물을 들여왔지만, 1841년까지도 제대로 된 바닐라 빈을 얻지 못하고 있었지요.

그러던 어느 날, 평소 수박 농사를 짓던 에드먼드는 인공 수분 방법을 떠올리며 바닐라 꽃을 자세히 관찰했습니다. 그러다 바닐라 꽃의 수분 부위가 소취rostellum라는 일종의 '뚜껑' 아래 숨어 있다는 사실을 발견했지요. 작은 막대와 엄지손가락으로 이 뚜껑을 살짝 들어 올려, 쉽고 빠르게 수분시키는 방법을 찾아낸 것이지요.

에드먼드는 자신이 발견한 방법을 농장 주인이었던 페레올 벨리에르보몽에게 보여주자 농장 주인은 크게 놀랐습니다. 벨리에르보몽은 에드먼드에게 이 기술을 섬 전역의 다른 일꾼들과 농장에도 전수하도록 했지요. 바닐라 생산량은 한순간 급격하게 늘어났고, 10년도 되지 않아 레위니옹은 전 세계에서 가장 많은 바닐라를 생산하는 곳이 되었습니다. 벨리에르보몽은 이에 대한 보답으로 에드먼드에게 그토록 바라던 자유를 주었지만, 안타깝게도 에드먼드는 이렇게 위대한 발견을 이루어 냈음에도 어떠한 경제적 보상도 받지 못한 채 가난하게 생을 마감했습니다. 그를 기리는 동상이 레위니옹섬에 세워진 것도 그가 죽고 한참이나 지난 1980년에 이르러서였습니다.

열두 살 소년의 발견이 레위니옹의 경제를 수백 년 동안 이끌어 가게 될 줄은 아무도 예상하지 못했을 것입니다. 하지만 과학은 미래를 예측할 수 있는 모델을 만드는 것을 중요한 목표로 삼고 있지요. 예컨대 별과 행성, 달이 지금 어디에 있고 얼마나 빠르게 움직이는지를 알면, 이 천체들이 시간에 따라 어디에 있을지 아주 정확하

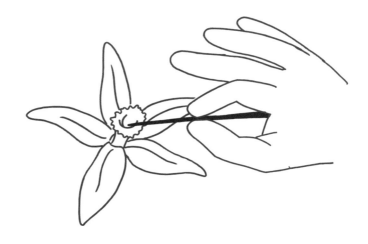

게 계산할 수 있습니다. 하지만 이런 계산은 지금까지도 많은 이들이 끊임없이 시도하고 있는 인류 역사의 흐름을 예측하는 것에 비하면 아주 단순한 일입니다. 두 극단 사이에는 액체가 흐른다든지, 은하가 만들어진다든지 하는 현상들이 있는데, 이런 현상들은 컴퓨터로 어느 정도 시뮬레이션이 가능합니다. 컴퓨터 성능이 좋아지면서 이런 현상들을 더욱 자세히 연구할 수 있게 되었고요.

하지만 복잡한 시스템에서 원인과 결과가 어떻게 연결되는지를 연구하면서, 우리는 미래를 예측하는 데도 한계가 있음을 알게 되었습니다.

날씨가 대표적입니다. 컴퓨터가 발명되고 처음 시도한 것들 중 하나도 바로 대기의 움직임을 예측하고 일기 예보를 보다 정확하게 만드는 것이었지요. 위성에서 보내오는 수많은 정보들 덕분에 이 분야는 크게 발전했습니다.

바닐라로 알아보는 카오스

날씨를 예측하는 모델은 끊임없이 발전해 왔고, 이제 우리는 하루의 날씨를 꽤 정확하게 예측할 수 있습니다. 기상학자들은 내일이나 모레의 날씨를 거의 정확하게 예측해 내지요. 5일 뒤까지도 꽤 정확한 일기 예보가 가능해졌습니다. 하지만 일주일이나 열흘을 넘어가면 예측의 정확도가 떨어지기 시작합니다. 이런 일은 왜 생기는 것일까요?

컴퓨터는 현재 대기 상태를 보고 앞으로 어떻게 변할지를 계산합니다. 요즘 뛰어난 컴퓨터들은 몇 분 단위로도 이런 계산을 수행해 날씨를 예측하지요. 컴퓨터는 마치 계단을 오르듯이 계산을 순차적으로 진행합니다. 예를 들어, 오전 10시의 날씨 데이터로 11시의 날씨를 예측하고, 다시 11시의 날씨에 대한 예측을 바탕으로 정오의 날씨를 예측하는 식이지요.

이런 계산이 한 단계씩 진행될 때마다 아주 작은 오차가 생깁니다. 복사를 여러 번 할수록 화질이 점점 나빠지는 것처럼, 계산이 반복될수록 작은 오차들은 점점 더 쌓입니다. 그래서 더 먼 미래의 날씨를 예측할수록 예측의 정확도가 점점 떨어지는 것이지요.

이런 계산 과정이 지닌 특이한 점은 처음 입력하는 데이터가 아주 조금만 달라도 최종 결과는 완전히 딴판으로 나온다는 거예요. 이런 특이한 현상은 1961년에 한 사람에 의해 처음 발견되었습니다. 에드워드 로렌즈Edward Lorenz였지요. 그는 날씨 예측을 연구하고 있었는데, 당시 사용하던 컴퓨터는 계산 과정의 모든 결과를 출력해 주었습니다. 컴퓨터를 사용하는 비용이 비싸고 컴퓨터의 처리 속도도 느렸기에, 로렌즈는 계산을 처음부터 다시 시작하지 않고 중간 결과부터 이어서 진행했습니다. 출력된 결과 중 하나를 골라 컴퓨터에 다시 입력한 거예요.

처음 얼마 동안은 원래 계산과 비슷한 결과가 나왔습니다. 하지만 시간이 지날수록 예측값이 원래와는 전혀 다른 방향으로 흘러갔지요. 그 이유를 찾기 위해 자세히 관찰한 끝에 로렌즈는 그 원인을 알아냈습니다. 컴퓨터가 내부적으로 소수점 아래 여섯 자리까지 계산하지만 출력한 결과에서는 소수점 아래 세 자리까지만 보여준다는 것이었습니다. 예를 들어, 컴퓨터 안에서 0.732319로 계산된 숫자가 0.732로 출력된 것입니다. 로렌즈가 이 줄어든 숫자 0.732를 컴퓨터에 다시 입력하자 결과가 완전히 달라져 버린 것이지요.

이렇게 로렌즈는 시작점에서의 아주 작은 차이가 시간이 지나 엄청나게 큰 변화를 만들어 낼 수 있다는 놀라운 사실을 발견했습니다. 그의 논문에는 이렇게 적혀 있습니다.

"만약 이 이론이 맞다면, 갈매기 한 마리가 날개를 한 번 펄럭이는 것만으로도 날씨가 완전히 다른 방향으로 바뀔 수 있다. 아직 완벽히 증명되지는 않았지만, 최근의 연구들은 이것이 사실일 수 있음을 보여준다."

동료 과학자들은 로렌즈에게 갈매기 대신 나비를 예시로 들면 어떻겠냐고 제안했습니다. 아마도 1952년에 출간된 레이 브래드버

바닐라로 알아보는 카오스

리Ray Bradbury의 유명 SF 소설 「천둥소리A Sound of Thunder」의 영향을 받았을 것입니다. 이 소설에서는 시간 여행을 하는 공룡 사냥꾼이 우연히 나비를 밟았다가 미래의 역사가 완전히 바뀌고 말거든요. 이유가 무엇이든, 갈매기는 나비로 바뀌었고 로렌즈가 발견한 현상에는 '나비 효과butterfly effect'라는 이름이 붙어 널리 알려졌습니다. 아주 작은 변화가 엄청난 결과를 가져올 수 있다는 뜻이지요.

로렌즈의 발견은 **카오스 이론**chaos theory이라는 새로운 수학 분야를 탄생시켰습니다.

여기서 '카오스'는 우리가 일상적으로 생각하는 '혼돈'과는 다른, 특별한 의미를 가집니다. 보통 우리는 혼돈을 완전히 통제할 수도 없고 예측할 수도 없는 상태라고 생각하지요.

하지만 수학에서 말하는 '카오스'는 다른 의미를 지닙니다. 어떤 시스템의 시간에 따른 변화를 설명하는 규칙은 명확하게 알려져 있고 심지어 계산도 가능합니다. 그럼에도 처음 상태가 아주 조금만 변하더라도 결과는 완전히 달라질 수 있지요. 그런데 처음 상태를 완벽하게 알 수는 없기에 결과도 정확하게 예측할 수 없는 것입니다.

이런 종류의 카오스는 우연히 생기는 것은 아닙니다. 이론상으로는 값을 알 수 있지만, 실제로는 그 값이 정확히 무엇인지 알아내기는 어렵지요. 룰렛 게임이 좋은 사례입니다. 공에 가해지는 힘이나 룰렛 표면의 모든 굴곡의 정도까지 정확히 알 수만 있다면, 뉴턴의 법칙으로 공이 어디로 갈지 계산할 수 있습니다. 하지만 이런 조건들이 아주 조금만 달라도 공은 전혀 다른 곳으로 이동하지요. 심지어 룰렛에 먼지 하나만 앉아도 공의 속도가 아주 미세하게 달라질 수 있습니다. 그러면 공도 다른 방향으로 튕기겠지요. 날씨를 예측할 때와 마찬가지로, 아주 작은 차이가 점점 불어나는 것입니다.

과학자들이 생각하는 카오스에는 두 가지 특징이 있습니다.

* 결정론적: 처음 상태와 과정이 정확히 같다면, 결과도 언제나 같다.
* 예측 불가능: 처음 상태가 아주 조금만 달라도 나중에는 전혀 다른 결과가 나올 수 있기에, 미래에 무슨 일이 일어날지 알아내기가 매우 어렵다.

이렇게 카오스는 상반되어 보이는 두 가지 특징을 가지고 있지만, 실은 우리 주변의 많은 것들, 어쩌면 거의 모든 것이 이런 방식으로 작동합니다.

로렌즈의 카오스 현상을 보여줄 수 있는 간단한 물레방아가 있습니다. 이것은 우리가 1장에서 다룬 밀가루와도 관련이 있습니다. 수천 년간 사람들은 흐르는 물의 힘으로 돌아가는 물레방아를 이용해 곡물을 밀가루로 만들어 왔습니다. 과학자들이 만든 것은 둥근 바퀴 모양의 물레방아였는데, 바퀴 가장자리를 따라 여러 개의 물통이 달려 있었습니다. 그리고 각각의 물통 바닥에는 물이 천천히 새어 나가는 작은 구멍들을 뚫려 있었지요.

맨 위의 물통에 물을 붓기 시작하면 물레방아가 돌아가기 시작합니다. 물통들이 차거나 비워지면서 물레방아는 때로는 빨리, 때로는

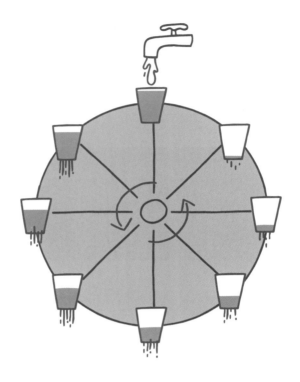

천천히 돌지요. 심지어 반대 방향으로 돌기도 하는데, 이 모든 움직임이 특별한 규칙 없이 일어나는 것처럼 보입니다. 과학자들은 물통하나하나의 위치를 매 순간 꼼꼼히 관찰했지만, 물레방아가 앞으로 어떻게 움직일지 전혀 예측할 수 없었지요.

보기에도 매력적인 이 물레방아는 지금도 세계 곳곳에서 분수나 조각 작품으로 전시되어 있습니다. '로렌즈 물레방아Lorenz waterwheel'를 인터넷에 검색해 보면 재미있는 영상들을 여럿 찾을 수 있을 거예요.

로렌즈 물레방아의 움직임이나 날씨를 예측하는 것은 무척 복잡합니다. 너무나 크고 복잡한 대기는 차치하더라도, 겉으로는 단순해 보이는 물레방아만 하더라도 생각해야 할 것들이 너무나 많지요. 물이 물통에 부딪히는 각도, 물이 물통에서 빠져나가는 속도와 같은 모든 요소들을 따져보아야 합니다. 그러니 이렇게 복잡한 것들이 앞으로 어떻게 될지 알기 어려운 것은 어쩌면 당연한 일인지도 모르겠습니다.

하지만 이보다 더 단순한 것도 뜻밖의 복잡한 결과를 만들어 냅니다. 한번 예를 들어볼까요? 아무 숫자나 하나 생각해 보세요. 그리고 이 숫자에 아래의 규칙을 계속 적용해 보세요.

> * 홀수라면, 3을 곱하고 1을 더하기.
> * 짝수라면, 2로 나누기.

이 규칙을 새로운 숫자에 계속 반복해 적용하면 어떻게 되는지 한번 봅시다.

예를 들어, 생각한 숫자가 7이라고 해봅시다.

7은 홀수니까, 3을 곱하고 1을 더해야겠지요.

> $3 \times 7 = 21$, $+1 = 22$.

22는 짝수니까 2로 나눕니다.

바닐라로 알아보는 카오스

11에 다시 같은 규칙을 적용하면 34가 되고, 이런 식으로 이어집니다.

7→22→11→34→17→52→26→13→40→20→10→5→16→8→4→2→1

재미있는 점은 1이 되면 다시 4로 갔다가, 4, 2, 1이 반복된다는 거예요.

다른 숫자로도 한번 시도해 보세요. 어떤 숫자에서 시작하든, 결국에는 1에 도달하게 됩니다. 그 과정에서 숫자들이 커졌다 작아지기를 반복하는 모습도 흥미롭지요.

수학자들에게는 숫자가 이렇게 오르락내리락하는 모습이 폭풍우 속에서 우박이 위아래로 움직이다 땅에 떨어지는 모습과 비슷해 보였나 봅니다. 그래서 이런 수열을 '우박 수열hailstone sequence'이라고 부르게 되었지요.

한편 7에서 시작하면 1에 도달할 때까지 16번의 계산이 필요하고, 그 과정에서 나타나는 가장 큰 수는 52입니다.

하지만 27은 정말 특이합니다. 1에 도달하려면 무려 111번이나 계산해야 합니다. 심지어 9,232까지 커졌다가 다시 내려오지요. 그런데 흥미로운 것은 바로 옆 숫자들인 28이나 29는 겨우 18번 만에 1로 돌아온다는 점이에요. 29 같은 경우에는 그 과정에서 나타나는 가장 큰 수가 88에 불과합니다.

이런 과정을 보면 두 가지 궁금한 점이 생깁니다.

1. 어떤 숫자로 시작하든 1까지 가는 데 몇 번의 계산이 필요한지,
   또 그 과정에서 얼마나 큰 숫자까지 나오는지 미리 알 수 있을까요?
2. 어떤 숫자에서 시작하든 정말로 결국 1에 도달할까요?

첫 번째 질문의 답은 '불가능하다'입니다. 우박 수열이야말로 카오스의 전형적인 예라고 할 수 있지요. 시작하는 숫자가 아주 조금만 달라도 결과가 완전히 달라지기 때문에, 실제로 계산해 보기 전까지는 어떤 숫자들이 나올지 전혀 예측할 수 없습니다.

두 번째 질문의 답은 놀랍게도 아직 아무도 모른다는 것입니다. 이것은 **콜라츠 추측**Collatz conjecture이라는 유명한 수학 난제인데, 아직 풀리지 않았습니다. 많은 수학자들이 이를 증명하거나 반증하려고 했지만 아직 아무도 성공하지 못했지요.

그런데 앞에서 어떤 숫자에서 시작하든 결국 1에 도달한다고 말했잖아요? 콜라츠 추측이 증명되지도 않았는데, 어떻게 그렇게 말할 수 있었을까요? 사실 완벽하게 확신할 수는 없지만, 2^{68}이라는 어마어마하게 큰 숫자까지는 모두 테스트해 보았기에 그렇게 말한 것이랍니다. 2^{68}이 얼마나 큰 숫자인지 직접 한번 볼까요?

여러분이 이보다 더 큰 숫자에서 시작해 1로 돌아오지 않는 경우를 찾았다면, 축하드립니다! 여러분은 수학계의 새로운 스타가 될 거예요.

아주 단순해 보이는 규칙도 예측할 수 없는 결과를 만들어 낼 수 있다니 놀랍지요? 카오스 이론은 우리가 절대로 알 수도, 예측할 수도 없는 것들이 분명히 존재한다는 것을 보여줍니다. 이런 복잡한 시스템의 특징은 직접 계산해 보기 전까지 어떻게 진행될지 모른다는 것이지요. 5장에서 설명한 양자역학의 순수한 무작위성까지 더해지면, 미래에 정확히 어떤 일이 벌어질지는 아무도 알 수 없게 됩니다.

하지만 이런 예측 불가능함이 오히려 우리 삶을 더 특별하게 만들어 주는지도 모르겠습니다. 바닐라와 어느 열두 살 소년이 역사의 방향을 바꾸었던 것처럼요.

CHAPTER 13

쿠키 모양 틀로 알아보는 복잡성

COMPLEXITY EXPLAINED WITH COOKIE CUTTERS

아마도 우리가 자주 많이 만드는 쿠키는 설탕 쿠키일 거예요. 특히 베이킹을 할 때는 더더욱 그렇지요. 반죽을 얇게 편 다음 쿠키 모양 틀로 예쁜 모양을 찍어 내는 바로 그 쿠키 말이에요.

그런데 쿠키 모양 틀로 쿠키를 찍어 내다 보면, 한 가지 고민이 떠오릅니다. 반죽을 최대한 효율적으로 사용하는 방법에 대한 고민이지요. "반죽 하나로 쿠키를 몇 개나 만들 수 있을까?", "모양 틀을 어떻게 배치해야 반죽을 가장 적게 낭비할 수 있을까?" 같은 생각 말이에요.

네, 물론 저도 알고 있습니다. 남은 반죽을 모아서 다시 펴면 또 한번 쿠키를 만들 수 있지요. 하지만 번거롭게 두 번, 세 번 반죽을 미는 일은 잠시 접어두고, 쿠키 모양 틀을 가장 효율적으로 배치하는 최적의 방법을 한번 알아볼까요?

사실 수학자들이 이 문제를 먼저 연구해 보았는데, 놀랍게도 아주 어려운 문제라는 것을 깨달았습니다. 심지어 단순한 모양 틀로도 이런 방법을 찾기가 쉽지 않다는 점을 알게 되었지요.

먼저, 정사각형 모양 틀로 생각해 봅시다. 한 변이 2.5cm인 정사각형 쿠키를 만든다고 해볼게요. 원하는 개수의 쿠키를 만들려면 반죽을 얼마나 큰 정사각형으로 만들어야 할까요?

4개를 만들 때는 쉽습니다. 5cm 크기의 정사각형 반죽이라면 딱 맞게 4개의 쿠키를 만들 수 있지요. 남는 반죽도 없습니다. 하지만 쿠키 5개를 만들려면 더 특별한 방법이 필요합니다. 가운데 쿠키 모양 틀을 45도로 돌려놓고, 나머지 4개는 귀퉁이에 가운데 것과 살짝 맞닿게 놓는 것이지요. 이렇게 하려면 한 변이 약 6.8cm인 정사각형 반죽이 필요하지요.

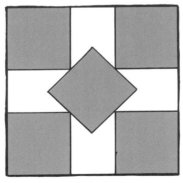

쿠키 5개 만들기

여기까지는 괜찮은데, 문제는 이제부터 어려워집니다. 예를 들어, 11개의 정사각형을 가장 효율적으로 배치하는 방법을 찾다 보면 정말 놀랄 거예요. 정사각형들이 전부 다른 각도로 놓여 있고, 어떤 사각형들 사이에는 아주아주 작은 틈이 생기는데, 다른 정사각형의 모서리가 그 사이에 살짝 들어가 있기도 합니다. 더 놀라운 것은, 이 방법이 가장 좋은 방법인지조차 아직 아무도 증명하지 못했다는 점이에요.

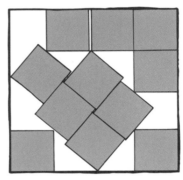

쿠키 11개 만들기

이 문제가 이토록 어려운 이유는 정사각형들을 아주 조금씩 움직이거나 돌릴 수 있어서 컴퓨터로도 가장 좋은 해답을 찾기가 거의 불가능하기 때문입니다. 이렇게 단순해 보이는 문제도 실제로는 엄청나게 어렵다는 것이 정말 신기하지 않나요?

이처럼 모양 틀로 쿠키 만드는 문제 말고도 수학자들이 연구하는 재미있는 문제들은 여럿 있습니다. 그중 하나를 한번 같이 볼까요?

어느 베이커리에 쿠키가 여러 종류 있다고 해볼게요. 여러분은 쿠

쿠키 모양 틀로 알아보는 복잡성

키 마니아라 이미 이 가게의 모든 종류의 쿠키를 맛보고 각각에 100점 만점 기준으로 점수도 매겨두었습니다. 그런데 마침 손님이 아주 많아서 가격도 제각각인 쿠키가 종류별로 딱 1개씩만 남았습니다.

다음의 표는 베이커리에 있는 쿠키 종류와 여러분이 매긴 점수입니다.

쿠키	가격	점수
쇼트브레드	1,300원	50점
스니커두들	1,600원	52점
블랙 & 화이트	2,000원	59점
설탕	2,300원	60점
마카롱	2,300원	61점
더블 초콜릿	2,600원	62점
크링클	2,600원	65점
지문 모양	2,900원	67점
초콜릿 칩	3,300원	70점
땅콩버터	3,600원	71점
오트밀 건포도	3,900원	76점

여러분이 3,900원으로 가장 맛있는, 다시 말해 점수가 높은 쿠키들을 사려면 어떻게 해야 할까요? 잠시 시간을 두고 같이 생각해 봅시다.

문제는 생각보다 간단합니다. 쿠키를 1개만 고를 수 있다면, 76점을 받은 오트밀 건포도 쿠키가 가장 좋은 선택이겠지요. 2개를 고르는 경우일 때는, 1,300원짜리 쇼트브레드와 2,600원짜리 크링클 쿠키를 고르면 50점과 65점을 더해 총 115점으로 가장 높은 점수를 얻을 수 있습니다.

5,200원을 가지고 있다면 어떤 것이 최상의 조합일까요? 쿠키가 종류별로 1개씩밖에 없다는 점을 기억해야 합니다. 쇼트브레드와 오트밀 건포도를 고르면 126점의 쿠키를 얻을 수 있습니다. 하지만 더 높은 점수를 얻을 수 있는 방법이 있어요. 어떤 조합일지 한번 찾아보세요.

예산이 3,900원에서 5,200원으로 늘어나니, 가능한 조합의 수가 많아지면서 문제가 훨씬 복잡해졌지요? 예산이 2만 6,000원이라면? 또는 쿠키 종류가 20가지라면 얼마나 더 복잡해질까요?

이런 문제들에는 흥미로운 특징이 하나 있습니다. 누군가 '이게 정답이에요' 하고 제시하면, 그 답이 규칙에 들어맞는지는 쉽게 확인할 수 있지만 그것이 가장 좋은 답인지는 알기 어렵다는 점이에요. 예를 들어, 쿠키 문제에서 선택한 쿠키들의 가격이 2만 6,000원을 넘어서지 않는다는 것을 확인하는 일은 어렵지 않습니다. 하지만 그 조합이 정말로 가장 맛있는 조합인지 확인하는 일은 훨씬 어려운 문제이지요. 쿠키 모양 틀로 만든 도형도 마찬가지입니다. 정사각형들이 모두 제대로 들어가 있는지 확인하는 것은 쉽지만, 가장 효율적인 방법인지 판단하기는 정말 어렵지요.

게다가 쿠키 종류가 조금만 늘어나도 고려해야 할 조합의 수는 어마어마하게 커집니다. 조금만 늘어나도 경우의 수를 수십만 가지나 따져보아야 합니다.

하지만 모든 문제가 이렇게 복잡해지는 것은 아닙니다. 예를 들어, 이름을 가나다순으로 나열하는 문제는 이름의 개수가 늘어나도 크게 어려워지지 않지요. 물론 나열할 이름이 많아지면 시간이 더 오래 걸리기는 하겠지만, 문제 자체가 더 어려워지지는 않지요.

지금까지 설명한 쿠키 문제는 수학에서 '**배낭 문제**knapsack problem'라고 불리는 유명한 문제와 비슷한데, 이 문제는 보통 '무게 제한이 있는 배낭에 가장 가치 있는 물건들을 담는 방법은?'이라는 형태로 설명이 됩니다. 이런 문제들은 수학과 컴퓨터과학에서는 '**NP 완전**NP-complete'하다고 하는데요. 간단히 말하자면, 답이 맞는지 확인하기는 쉽지만 가장 좋은 답을 찾기는 무척이나 어려운 문제들이지요.

이번에는 산에서 가장 낮은 지점을 찾아야 하는 문제를 풀어봅시다. 계속 아래로만 내려가다 보면 더 이상 내려갈 수 없는 지점에 닿겠지요. 그러면 '아, 여기가 제일 낮은 곳이구나!' 하고 생각할 수 있습니다. 하지만 그곳이 정말로 가장 낮은 곳일까요? 여러분이 서 있는 그 지점이 그 근방에서는 가장 낮은 곳일 수는 있지만, 다른 곳에는 더 낮은 지점이 있을 수 있습니다. 정말 가장 낮은 곳을 찾으려면

산 전체를 다 둘러보아야 합니다.

이처럼 복잡성과 카오스는 서로 깊은 관계가 있습니다. 지난 장에서 보았던 우박 수열처럼, 카오스 과정은 그 결과를 미리 알 수 없습니다. 답을 알기 위해서는 처음부터 끝까지 하나하나 계산해 보아야만 하지요.

그런데 이런 복잡한 문제들이 바로 인터넷 보안과 암호화의 핵심입니다. 쉽게 풀리지 않는 문제를 이용하는 거예요. 예를 들어, 여러분이 온라인으로 쿠키를 사기 위해 신용카드 정보를 입력할 때 그 정보는 누군가가 중간에 가로채더라도 알아볼 수 없게 전송되어야 합니다. 그래서 정보를 특별한 코드로 바꾸어 '암호화'하지요.

인터넷 암호화에 사용되는 대부분의 문제는 쿠키로도 설명할 수 있습니다. **쿠키가 7,493개 있는데, 이 7,493개의 쿠키들을 가로와 세로 각각에 1개보다 많은 쿠키를 놓아 직사각형 모양으로 배열할 수 있을까요?** 물론 실제 암호화에서는 매번 다른 숫자로 문제를 냅니다. 7,493개는 그저 예시일 뿐이지요.

이해를 돕기 위해 조금 더 작은 수로 예를 들어볼게요. 쿠키가 21개 있다면 이런 식으로 배열할 수 있습니다.

　　　　　　　　　　　쿠키 모양 틀로 알아보는 복잡성

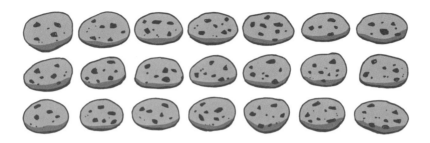

하지만 쿠키가 23개라면 이런 식으로 직사각형을 만들 수 없습니다. 6×4로 만들려고 하면 쿠키가 하나 모자라고, 2×11로 만들려고 하면 쿠키가 하나 남으니까요.

이렇게 직사각형으로 만들 수 없는 수를 '**소수**prime number'라고 하고, 직사각형으로 만들 수 있는 수를 '**합성수**composite number'라고 합니다. 합성수인 경우에는 여러 모양의 직사각형을 만들 수 있습니다. 24개의 쿠키는 2×12, 3×8, 4×6로 직사각형으로 만들 수 있지요. 반면 25개의 쿠키는 5×5로만 만들 수 있지요. (정사각형도 직사각형 중하나입니다.) 이때 직사각형의 가로와 세로 길이는 그 수의 '**약수**factor'라고 하는데, 24의 약수로는 1과 24를 제외하면 2, 12, 3, 8, 4, 6이 있고, 25의 약수는 1과 25를 제외하고는 5 하나뿐입니다.

쿠키들로 만들 수 있는 직사각형 모양이 단 한 가지뿐이라면, 그 쿠키들의 개수가 소수인지 아닌지 알아내기는 훨씬 어렵습니다. 인터넷 보안과 암호화는 이런 원리를 활용하는데요. 핵심은 컴퓨터가 만드는 엄청나게 큰 수입니다. 많은 사람들이 암호화에 소수를 사용하는 줄 알고 있지만, 사실 소수가 아니면서도 약수가 1과 자기 자신을 제외하고 딱 2개만 있는 합성수를 사용해요. 예컨대 15, 21, 77 같은 수지요.

메시지를 받는 컴퓨터는 직사각형의 한 변의 길이만 알면 다른 변의 길이는 쉽게 계산할 수 있습니다. 이 다른 변의 길이가 바로 메시지를 전송하는 컴퓨터가 감추고자 하는 비밀 정보입니다. 하지만 다른 누군가가 이 메시지를 중간에 가로채더라도, 그 수를 직사각형으로 만드는 방법을 찾아내는 데는 엄청나게 오랜 시간이 걸릴 거예요.

조금 어렵나요? 예를 들어볼게요. 7,493개의 쿠키로 127×59 크기의 직사각형을 만들 수 있다는 것을 알아내기는 정말 어렵습니다. 하지만 한 변이 59라는 것을 알고 있다면, 다른 변이 127이라는 것은 금방 계산할 수 있지요.

물론 이는 인터넷 보안과 암호 체계를 엄청나게 단순화해 설명한 것입니다. 그래도 여러분이 그 기본 원리는 이해했을 것이라고 생각해요.

결국 가장 중요한 것은 이것입니다. 엄청나게 큰 수를 직사각형으로 나눌 수 있는 방법을 찾지 못하게 해야 한다는 것! 이 어려운 문제를 빠르게 푸는 방법을 찾아내기라도 하면, 지금의 인터넷 보안 시스템은 무너지고 말 거예요.

불행하게도, 과학자들은 이 문제를 푸는 방법을 찾아냈습니다. 이론적으로는 말이에요. 바로 양자컴퓨터라는 특별한 컴퓨터를 이용하는 것이지요.

우리가 평소 사용하는 일반적인 컴퓨터는 **비트**^{bit}라는 것을 기본 단위로 사용하는데, 이는 0 또는 1이라는 두 가지 값만 가질 수 있습니다. 반면 양자컴퓨터는 **큐비트**^{qubit}라는 것을 사용합니다. 양자 비트^{quantum bit}를 줄여 부르는 말이에요. 큐비트는 보통의 비트와는 아주 다릅니다. 신기하게도 0과 1을 동시에 가질 수 있습니다. 5장에서 설명한 것처럼, 양자역학에서는 입자가 어느 한 곳에 있지 않고 여러 곳에 있는 것이 가능합니다. 큐비트도 같은 원리로 작동하는데, 실제로 관찰할 때는 0이나 1, 둘 중 하나로만 나타납니다.

과학자들은 서로 다른 값들을 동시에 가지는 여러 개의 큐비트를 특별한 방법으로 연결하면(이런 연결을 '**양자 얽힘**^{quantum entanglement}'이라고 합니다), 아주 큰 수의 약수를 보통의 컴퓨터보다 훨씬 빨리 찾을 수 있다는 사실을 발견했습니다.

하지만 이런 큐비트를 안정적으로 작동하도록 하는 것은 기술적으로 정말이지 어려운 일입니다. 양자 세계는 너무나 섬세해서, 입자들 사이의 섬세한 관계를 유지하는 것이 무척 중요합니다. 큐비트는 거의 영하 273℃에 가까운 극저온으로 유지해야 하고, 다른 입자들의 방해도 받지 않도록 해야 합니다. 게다가 언제나 오류가 생길 수 있어서 이를 찾아내고 바로잡기 위한 여분의 큐비트도 필요한데, 이는 전체 시스템을 더욱 복잡하게 만듭니다.

아직까지는 큐비트로 아주 간단한 수준의 약수 찾기만 할 수 있습니다. 기술적인 문제를 해결하는 데 아직까지는 한계가 있지요. 이것이 그다지 특별해 보이지 않을 수 있습니다. 하지만 양자컴퓨터는 이론이 실제로 작동한다는 것을 증명한 아주 중요한 첫걸음입니다. 이 분야의 전문가들은 양자컴퓨터가 진정한 힘을 보여주기까지는 앞으로 10년에서 20년 정도 걸릴 것으로 내다봅니다.

양자컴퓨터가 어떤 면에서는 정말 뛰어나 보이지만, 한 가지 알아두어야 할 점이 있습니다. 양자컴퓨터가 특별한 종류의 문제들, 예컨대 큰 수를 나누거나 최적의 방법을 찾는 것과 같은 어려운 문제는 잘 풀 수 있지만, 우리가 일상적으로 하는 컴퓨터 작업에는 그다지 유용하지 않다는 거예요. 오히려 우리가 사용하는 보통의 컴퓨터가 일상적인 작업을 처리하는 데는 탁월합니다. 양자컴퓨터는 특별한 목적을 위한 전문적인 장비로 사용되겠지요.

복잡성과 카오스는 마치 쿠키의 양면과도 같습니다. 둘 다 우리가 어떤 것을 이해하거나 미래를 예측하고자 할 때 마주하게 되는 한계를 드러내지요. 복잡한 쿠키들이 지닌 카오스(아니면 혼란스러운 쿠키들이 지닌 복잡성?)를 알아보는 또 다른 방법도 있습니다. 이제 겉으로는 단순해 보이지만 자세히 들여다볼수록 점점 더 복잡해지는 모양들, 바로 프랙털의 세계로 건너가 봅시다. 건포도 오트밀 쿠키가 우리를 안내할 거예요.

CHAPTER 14

건포도 오트밀 쿠키로
알아보는 프랙털

FRACTALS EXPLAINED WITH
AN OATMEAL RAISIN COOKIE

모두가 가장 좋아하는 쿠키는 초콜릿 칩 쿠키겠지만, 저는 건포도 오트밀 쿠키도 강력 추천합니다. 쫀득쫀득한 식감에 씹을수록 고소하고, 달콤한 맛까지 완벽한 조화를 이루는 쿠키니까요. 그럼에도 가장 중요한 것은 건포도 오트밀 쿠키가 지금까지 우리가 배운 카오스와 복잡성, 그리고 불확실성이라는 여러 주제들을 하나로 모으는데 아주 큰 역할을 한다는 점이에요.

자, 건포도 오트밀 쿠키가 어떻게 생겼는지 볼까요?

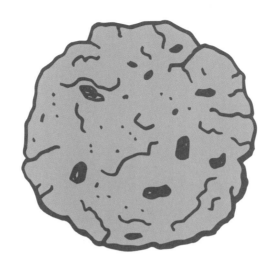

도형의 둘레를 구하는 방법을 기억하나요? 둘레는 도형의 바깥쪽 가장자리의 길이를 말하는데요. 가로가 5, 세로가 3인 직사각형의 둘레는 16이지요(3+5+3+5).

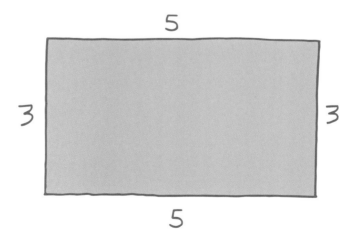

　　　　　　　　건포도 오트밀 쿠키로 알아보는 프랙털

그러면 울퉁불퉁한 건포도 오트밀 쿠키의 둘레는 어떻게 구할 수 있을까요?

가장 먼저 떠오르는 방법은 쿠키의 모양을 따라 선을 대충 그린 다음, 그 길이를 재보는 것입니다. 이렇게 말이에요.

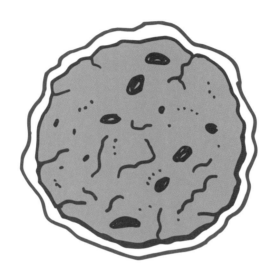

여러분의 몸집이 엄청나게 줄어든 채로 쿠키의 가장자리를 따라 한 바퀴 돈다고 생각해 볼까요? 그러면 이 파란색 선을 따라 걸어갈 거예요.

하지만 이렇게 그린 선은 실제 모양과는 많이 다릅니다. 쿠키의 왼쪽 윗부분을 확대해 봅시다. 멀리서는 잘 보이지 않던 아주 작은 울퉁불퉁한 굴곡들이 보이지요?

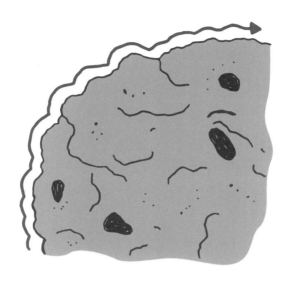

그러니까 쿠키의 가장자리를 더욱 정확하게 그리려면 더 긴 선이
필요합니다.

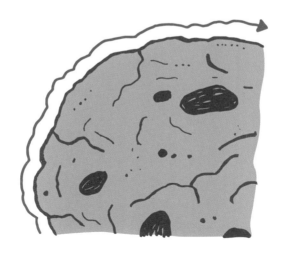

건포도 오트밀 쿠키로 알아보는 프랙털

파란색 선을 더욱더 자세히 그리다 보면, 둘레의 길이도 점점 더 길어집니다. 방금처럼 우리의 몸집이 아주 작게 줄어들어 선을 따라 걷는 데도 시간이 점점 더 오래 걸리지요. 구불구불한 모든 굴곡들을 빠짐없이 지나가야 하니까요.

그런데 쿠키를 더 자세히 들여다보면, 또 다른 울퉁불퉁한 부분들이 보입니다. 쿠키 둘레를 따라 선을 그리다 보면 또다시 선을 더 많이 그려야 하고, 당연히 둘레의 길이와 우리의 산책 거리도 늘어납니다.

사실 더 자세히 들여다볼수록 가장자리에는 더 많은 굴곡들이 나타납니다. 점점 더 작은 굴곡들이 끊임없이 나타나기 때문에, 길이를 정확하게 잴 수 있는 매끈한 직선만 보이는 순간은 절대 오지 않지요.

놀랍게도, 이론적으로 건포도 오트밀 쿠키의 가장자리 길이는 **무한**입니다. 하지만 쿠키의 넓이는 유한하지요. 쿠키보다 조금 더 큰 원 안에 쿠키를 넣으면 쿠키가 들어가니까요. 하지만 쿠키의 가장자리는 자세히 들여다볼수록 구불구불한 굴곡들이 끊임없이 나타나면서 계속 길어지기만 합니다.

이런 모양을 '**프랙털**fractal'이라고 합니다.

건포도 오트밀 쿠키처럼 넓이는 한정되어 있지만, 가장자리의 길이는 무한인 도형들이 있는데요. 그중에서 가장 단순한 것이 바로 **코흐 눈송이**Koch snowflake입니다. 1904년, 헬게 폰 코흐Helge von Koch라는 스웨덴 수학자가 처음 만들었지요.

코흐 눈송이는 이렇게 만들 수 있습니다. 우선 삼각형 하나를 그린 다음, 각 변의 가운데 3분의 1 지점을 밖으로 뾰족하게 꺾어 올려서 작은 삼각형을 만듭니다. 그리고 이 과정을 계속 반복하면 만들어지지요. 삼각형으로 시작한 처음 세 단계의 코흐 눈송이가 다음과 같이 있습니다.

이 과정을 계속 반복하면 가장자리의 길이는 점점 더 길어지기만 하면서 끝없이 늘어납니다. 하지만 신기하게도 도형의 넓이는 처음 삼각형 넓이의 1.6배 정도에서 더 이상 커지지 않지요.

이런 반복적인 과정을 어디서 본 것 같지 않나요? 맞아요. 앞에서 날씨 예보로 카오스의 개념을 설명할 때도 비슷한 방식을 사용했습니다. 컴퓨터는 이런 반복적인 계산을 아주 잘하기 때문에, 컴퓨터 성능이 좋아지면서 프랙털에 대한 연구도 크게 발전했습니다.

대부분의 경우에는 점이 도형의 안쪽에 있는지, 바깥쪽에 있는지 쉽게 알 수 있습니다. 하지만 구불구불한 가장자리 근처에 있는 점들은 그렇지 않지요. 이런 점들이 도형 안쪽에 있는지 바깥쪽에 있는지를 알기 위해서는 실제로 모든 단계를 하나하나 계산해 보아야

건포도 오트밀 쿠키로 알아보는 프랙털

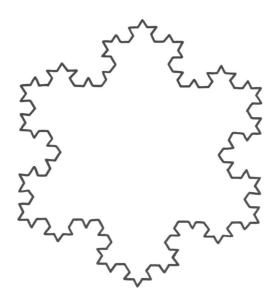

합니다. 계산이 끝나기 전까지는 그 점의 정확한 위치를 알 수 없는
것이지요.

　코흐 눈송이와 우리의 건포도 오트밀 쿠키에는 아주 특별한 특징
이 있습니다. 바로 **자기 유사성**self-similar이라는 특징인데, 도형을 자
세히 들여다볼수록 같은 모양이 계속 반복되는 것을 의미합니다. 이
런 특징은 프랙털의 가장 중요한 성질인데, **망델브로 집합**Mandelbrot
set이라는 가장 유명한 프랙털에서도 찾아볼 수 있습니다. 이 이름은
프랙털 기하학을 처음 연구하고 널리 알린 폴란드 수학자 브누아 망
델브로Benoit Mandelbrot를 기리는 것이에요.

　망델브로 집합을 만드는 방법은 수학적으로 조금 까다로워서 자
세한 설명은 생략할게요. 만드는 방법 자체는 어렵지 않으니, 궁금

한 분들은 인터넷에서도 찾아볼 수 있습니다. 그런데 이렇게 만들어진 모양은 정말이지 경이롭습니다. 가장자리를 자세히 들여다보면 점점 더 정교해지는 소용돌이와 나선 모양이 끊임없이 나타나는데, 망델브로 집합 전체의 모양을 쏙 빼닮은 작은 패턴들도 발견할 수 있습니다. 누구든 볼 때마다 넋을 잃게 만드는 아름다움이지요.

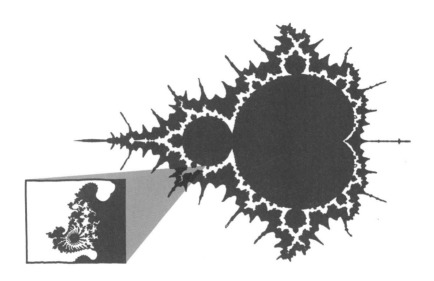

프랙털은 눈으로 보기에도 아름답지만, 자연을 가장 잘 표현하는 모양이기도 합니다. 원이나 사각형 같은 단순한 도형보다 훨씬 더 자연스럽지요. 나무, 번개, 구름, 산, 그리고 우리의 쿠키도 모두 프랙털의 모습을 하고 있습니다. 심지어 우리 몸의 신호도 프랙털과 비슷합니다. 심장 박동이 대표적입니다. 심전도를 자세히 들여다볼수록 더욱 복잡한 패턴이 나타나는 것을 볼 수 있는데, 신기하게도 심장 박동이 이런 프랙털의 특성을 잃고 단순해지면 오히려 심장 질환의 위험이 증가한다고 합니다.

지난 장들에서 알아본 카오스 이론, 복잡성 이론, 그리고 이번 장에서 소개한 프랙털은 모두 자연의 깊은 본질과 함께 우리가 이 모든 것을 완벽히 이해할 수 없다는 한계도 보여주었습니다.

과학은 우리 뇌의 가장 근본적인 역할에서 출발합니다. 우리는 주변에서 일어나는 일들을 관찰하고, 그것을 바탕으로 앞으로 일어날 일을 예측하면서 위험을 피하려고 하지요.

우리는 관찰하고, 예측하고, 원인과 결과 사이의 관계를 찾아냅니다.

17세기에 뉴턴이 여러 법칙들을 발견하고 나서, 우리는 물체가 어떻게 움직일지 훨씬 더 정확하게 예측할 수 있게 되었습니다. 뉴턴은 모든 물체의 위치와 속도만 알면 미래의 모든 일을 예측할 수 있다고 했지요. 우주가 신이 태초에 태엽을 감아놓은 거대한 시계와 같다고 생각했던 것입니다.

18세기와 19세기를 이르러 시계태엽 우주의 개념은 더욱 확고해졌습니다. 새로운 발견들이 이어지면서, 우주가 마치 완벽하게 짜인 춤을 추듯이 정확한 법칙을 따른다는 믿음이 더 큰 힘을 얻었지요. 전기와 자기 현상도 연구를 통해 그 원리가 밝혀지면서, 이것들 역시 뉴턴의 운동 법칙처럼 정확한 규칙을 따른다는 것이 드러났습니다. 제임스 맥스웰James Clerk Maxwell이 만든 4개의 방정식은 전자기장의 모든 움직임을 완벽하게 설명했고, 빛이 사실은 전기와 자기가 만드는 파동에 불과하다는 것을 증명하기까지 했지요.

원자 이론은 모든 물질을 이루는 원소들을 체계적으로 분류하고 이해하는 바탕이 되었고, 유전학과 진화론은 생명 현상을 설명하는 근본 원리를 제시했습니다.

그래서 19세기 말의 사람들은 과학이 거의 완성되었다고 생각했습니다. 머지않아 우리가 세상의 모든 것을 설명하는 완벽한 법칙들을 손에 넣을 것이고, 이를 바탕으로 미래의 모든 일을 우아하고도 아름답게 예측할 수 있으리라고 믿은 것이지요.

하지만 20세기를 거치면서 그런 꿈은 산산조각이 났습니다.

카오스 이론은 명확한 규칙을 따르는 계에서조차 미래를 항상 예측할 수는 없다는 것을 보여주었습니다. 복잡성 이론은 어떤 문제들의 경우에는 가능한 모든 선택지를 하나하나 검토해야만 해결할 수 있는데, 이러한 선택지들도 너무나 빠르게 늘어나 사실상 해결이 불가능하다는 사실을 보여주었지요.

프랙털의 발견은 기하학적 형태조차 예측 불가능한 형태로 변할 수 있다는 점을 드러냈습니다.

양자역학은 우리가 어떤 현상이 일어날 '확률'만을 알 수 있을 뿐이라는 점을 보여주었지요. 다시 말해, 단 하나의 미래조차 확실하게 예측할 수 없는 거예요. 아주 작은 세계에서 입자들의 위치와 상호작용을 정확하게 파악하기란 불가능한 일입니다.

수학과 논리도 카오스과 복잡성으로부터 자유롭지 않습니다. 수학에서 '증명'이라는 개념은 2,000년 전으로 거슬러 올라가는데, 고대 그리스의 수학자 유클리드Euclid는 지금도 사용되는 증명 방법을 개발했지요. 증명이란 수학적 문장을 변형하는 규칙을 정하고, 우리가 참이라고 받아들이는 공리들axioms로부터 우리가 증명하고자 하는 명제를 단계적으로 이끌어 내는 것입니다. 이를 통해 어떤 명제가 참인지 거짓인지, 증명되는지 반증되는지 알아낼 수 있지요.

유클리드의 공리들에는 '두 점 사이에 직선을 그릴 수 있다'나 '주어진 중심과 반지름으로는 단 하나의 원만 그릴 수 있다'와 같은 명제들이 포함되었는데, 이런 증명의 개념은 매우 강력해 유클리드 이후로 수학의 발전을 한층 끌어올렸습니다. 수학자들은 적절한 공리들만 있으면 모든 수학적 명제를 증명하거나 반증할 수 있다고 믿게 되었지요. 모든 수학적 명제가 참이거나 거짓임을 증명할 수 있다고 생각한 것입니다.

하지만 1931년, 수학자들의 믿음은 산산이 부서졌습니다. 쿠르트 괴델Kurt Gödel이 (역설적으로 들리겠지만) 충분히 강력한 수학 체계에서는 참인지 거짓인지 증명할 수 없는 명제가 반드시 존재한다는 것을 증명했기 때문입니다. 참인지 거짓인지 **결정 불가능한**undecidable 것이지요. 더군다나 어떤 명제가 정말 결정 불가능한 명제인지, 아니면 그저 증명하거나 반증하기가 매우 어려운 명제인지 알 길도 없습니다.

12장에서 다룬 콜라츠 추측이 좋은 사례입니다. 우리는 이것이 참인지 거짓인지 아직 모르지요. 수학자들은 이를 증명하거나 반증하려고 노력했지만 성공하지 못했습니다. 콜라츠 추측은 증명할 수는 있지만 아직 그 증명을 찾지 못한 명제일까요, 아니면 괴델이 말한 결정 불가능한 명제 중 하나라서 우리가 결코 그 증명을 찾을 수 없는 명제일까요? 우리는 이 질문의 답을 알 수 없습니다.

한편 결정 불가능할 것으로 여겨진 문제들 중 일부는 해결되기도 했습니다. 4색 지도 문제가 대표적인데요. 이 문제는 예상과 달리 간단하게 설명할 수 있습니다. 컬러링 북에 실린 그림을 칠할 때, 서로 맞닿은 영역들을 다른 색으로 칠하려면 최소 몇 가지 색이 필요할까요? 단, 모서리만 맞닿은 경우는 신경 쓰지 말고 변이 맞닿아 있는 경우만을 고려하기로 해요.

세 가지 색으로는 부족하다는 것을 증명하기는 어렵지 않습니다. 세 가지 색만으로는 칠할 수 없는 그림이 존재하기 때문이지요.

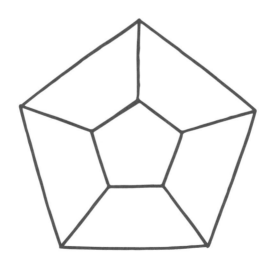

이런 도형을 칠하려면 네 가지 색이 필요합니다. 그러면 어떤 그림이든 네 가지 색이면 충분할까요? 아니면 다섯 가지 색이 필요한 더 복잡한 패턴도 있을까요?

이 문제는 1850년대에 처음 제기되어 수십 년간 수많은 수학자들이 증명하고자 시도했지만, 어느 누구도 성공하지 못했습니다.

괴델이 그의 정리를 발표하고 나서, 수학자들은 이 문제가 결정 불가능한 것은 아닐지 궁금해하기 시작했습니다. 영원히 증명도, 반증도 할 수 없는 문제인 것일까요? 하지만 다행히도 4색 문제는 컴퓨터를 통해 해답을 찾았습니다. 1976년, 어떤 지도든 네 가지 색만 있으면 맞닿은 영역들을 다른 색으로 칠할 수 있다는 사실이 컴퓨터로 증명되었지요. 하지만 이런 결론에 도달하기까지는 100년이 넘는 시간이 필요했습니다.

콜라츠 추측은 증명할 수 있을까요, 아니면 결정 불가능할까요? 결정 불가능하다면, 우리는 이 추측에 대한 답을 영원히 알 수 없겠지요. 증명할 수 있으리라는 희망을 가질 수는 있지만, 결코 확신할 수는 없을 거예요.

논리는 진리가 마치 프랙털과 같다는 것을 보여줍니다. 어떤 명제가 참인지 거짓인지 분명히 알 수 있는 경우도 있지만, 참과 거짓의 불분명한 경계에 놓인 명제들도 언제나 존재할 것입니다.

코흐 눈송이나 건포도 오트밀 쿠키로 돌아가 보면, 모든 점의 위치는 분명 눈송이나 쿠키의 경계 안이나 밖에 있을 것입니다. 하지만 그 점이 경계와 아주아주 가까운 위치에 있다면, 아무리 자세히 들여다보더라도 결코 정확하게 판단할 수 없을 거예요.

우주에는 근본적인 수준의 카오스와 복잡성이 존재합니다. 모든 것을 속속들이 알 수는 없어요. 그럼에도 우리는 새로운 것을 배우기를 결코 멈추지 않아야 합니다. 새로운 발견과 해결해야 할 문제들은 앞으로도 반복적으로, 끊임없이 나타날 테니까요.

CHAPTER 15

노릇노릇한 색으로 알아보는 외계 행성

EXOPLANETS EXPLAINED WITH A NICE GOLDEN-BROWN COLOR

우리 일상에서 색은 특별한 즐거움을 안겨줍니다. 쿠키 레시피에는 언제나 '노릇노릇하게' 구우라고 쓰여 있지요. 화려한 꽃들, 열대 새들의 아름다운 깃털, 저녁 노을의 짙은 붉은색, 초콜릿 칩 쿠키의 황금빛 갈색까지, 이 모든 색은 우리에게 무언가를 전달합니다. 하지만 색은 태양계 너머 다른 지적 생명체를 찾는 데도 도움을 줍니다.

색이란 과연 무엇일까요? 어떤 관점에서 보면 매우 단순합니다. 그저 특정한 에너지를 가진 빛일 뿐이지요. 하지만 인간이 색을 인식할 때는 매우 복잡한 과정을 거칩니다. 우리가 빛의 '색'을 직접 보는 것은 아닙니다. 우리 눈의 수용체가 빨강, 파랑, 초록 빛에 반응하면 뇌가 이를 조합해 쿠키의 황금빛 갈색처럼 다양한 색을 만들어

내는 것이지요. 하지만 우리는 빛이 실어 나르는 색에만 집중하도록 할게요.

빛은 위아래로 진동하는 전자기장의 작은 묶음입니다. 빛 자체는 광속이라는 일정한 속력으로 움직이지만, 어떤 진동수로도 떨릴 수 있습니다. 그런데 이 진동수에 따라 빛의 색이 결정되지요. 빛의 파동을 설명하는 방법에는 두 가지가 있습니다. **진동수**frequency는 파동이 1초 동안 위아래로 움직이는 횟수를 나타내고, **파장**wavelength은 파동의 마루와 마루 사이의 거리를 뜻합니다. 빛의 속력은 변하지 않기 때문에, 둘 중 하나만 알아도 빛의 색을 파악할 수 있지요.

우리가 눈으로 볼 수 있는 **가시광선**visible light의 경우에는 보통 나노미터㎚라는 단위로 파장을 표현합니다. 나노미터는 10억분의 1m에 해당하는 아주 작은 길이인데, 파란색 빛은 약 500nm, 빨간색 빛은 약 700nm 길이의 파장을 가지고 있지요.

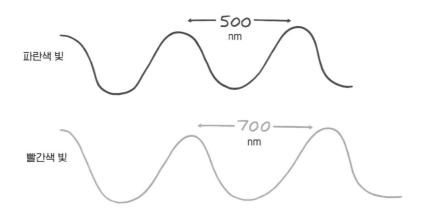

노릇노릇한 색으로 알아보는 외계 행성

빛을 연구한 최초의 과학자 중 한 사람이 바로 뉴턴입니다. 그는 백색광이 모든 색의 조합이라는 사실, 그리고 이것을 프리즘을 사용해 **스펙트럼**spectrum으로 나눌 수 있다는 사실을 발견했지요.

뉴턴은 가시광선을 빨강, 주황, 노랑, 초록, 파랑, 남색, 보라의 일곱 가지로 나누었는데, 이는 단순히 그가 숫자 7에 특별한 의미가 담겨 있다고 생각했기 때문입니다. 실제로 가시광선 스펙트럼에는 무한한 수의 색이 들어 있습니다. 7개로 나누어야 할 이유는 전혀 없는 것이지요. 뉴턴도 처음에는 여섯 가지로 구분했다가, 일곱이라는 숫자를 맞추기 위해 나중에 남색을 추가한 것이에요.

하지만 스펙트럼은 우리 눈에 보이는 영역에서 끝나지 않습니다. 빨간색 너머로는 파장이 점점 길어지면서 적외선, 마이크로파, 전파

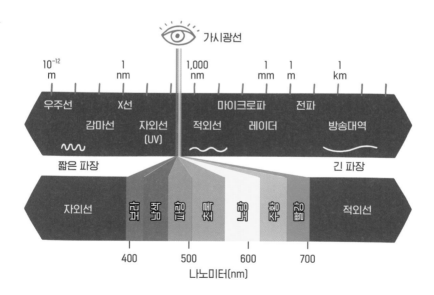

가 이어집니다. 반대로 보라색을 넘어가면 파장이 점점 짧아지면서 자외선, X선, 감마선으로 이어지지요.

뉴턴의 시대 이후로 프리즘과 망원경 같은 광학 관측 장비는 계속 발전했습니다. 그러다 1800년대 초, 과학자들은 프리즘으로 태양 빛을 관찰하면서 특이한 현상 하나를 발견했습니다. 연속적일 것만 같았던 스펙트럼에 중간중간 불규칙한 검은 선들이 나타난 것이었습니다. 어떤 색은 완전히 사라져 있었지요. 왜였을까요?

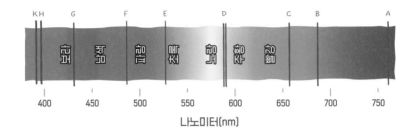

그 이유는 그로부터 50년이 지난 다음에야 비로소 서서히 드러났습니다. 과학자들은 원소들이 연소할 때마다 저마다 다른 색의 불꽃을 만든다는 사실을 발견했는데, 소금의 주성분인 소듐은 노란색, 포타슘^{K}은 분홍색, 구리^{Cu}는 초록색 불꽃을 만들었습니다. 네온^{Ne}처럼 일부 원소들은 전기가 통과할 때 빛을 내기도 했지요.

과학자들이 이 불꽃들의 빛 스펙트럼을 관찰했을 때, 각각에서는 고유한 문양이 모습을 드러냈습니다. 마치 원소의 지문 같았지요.

노릇노릇한 색으로 알아보는 외계 행성

보라 남색 파랑 초록 노랑 주황 빨강

수소

헬륨

네온

소듐

수은

과학자들은 또 다른 새로운 사실도 발견했습니다. 원소들이 자신이 방출하는 것과 같은 진동수의 빛만을 흡수한다는 것이었지요. 예를 들어, 빛이 수은 기체를 통과할 때 특정 파장에서만 선이 나타났습니다.

이를 바탕으로 태양 빛을 다시 살펴보니, 그 안에서 발견된 검은 선들은 특정 원소들의 고유한 선들과 일치했습니다. 달리 말해, 이 선들은 태양이 어떤 원소들로 구성되어 있는지를 보여주는 것이었습니다! 태양에서 방출된 빛이 특정한 원소들을 통과하면서, 특정한 색을 지닌 빛만이 그 안에 흡수되었던 것입니다.

오늘날 과학자들은 태양의 스펙트럼 선을 지구에서 만든 원소들의 스펙트럼과 비교해 태양의 구성 원소를 밝혀낼 수 있습니다.

과학자들은 태양도 하나의 별이라는 사실을 알고 있습니다. 그래서 다른 별들 주변에도 태양계처럼 행성들이 있는지 궁금해했지요. 이런 태양계 밖의 행성들은 '**외계 행성**exoplanet'이라고 합니다. 외계 행성의 존재는 확신할 수 있었지만, 얼마나 많은 별들이 행성을 거느리고 있는지, 행성들이 있다고 하더라도 그 행성들이 어떤 모습인지는 알 길이 없었습니다. 지구와 비슷한 행성은 과연 얼마나 있을까요? 어딘가에는 지구와 쌍둥이처럼 닮은 행성이 있지는 않을까요?

하지만 별들은 너무나 멀리 떨어져 있어서 행성을 직접 관측하기는 매우 어렵습니다. 행성은 스스로 빛을 내지도 않으니까요.

천문학자들은 외계 행성을 찾기 위해 주로 두 가지 방법을 사용합니다. 첫 번째 방법은 별빛의 변화를 관찰하는 것이지요. 예를 들어, 우리가 어떤 별을 관찰하고 있는데, 그 별 앞으로 어떤 행성이 지나간다고 상상해 봅시다. 그러면 그 행성이 별 앞을 지나갈 때마다 별에서 나오는 빛을 일부 가리겠지요. 별빛이 일정한 주기로 감소하기를 반복한다면, 그곳에 행성이 있다는 것을 알 수 있습니다. 행성에 가려지는 빛의 양과 행성의 공전 주기를 바탕으로 행성의 크기와 궤도의 반경까지 계산할 수 있지요.

2009년, **케플러 우주 망원경**Kepler Space Telescope이 발사되어 새로운 임무에 착수했습니다. 케플러 망원경의 임무는 수많은 별들의 밝기 변화를 지속적으로 관측하며 외계 행성을 찾아내는 것이었지요. 그리고 9년간의 임무를 수행하며 수천 개의 별 주위에서 행성들을 발견하는 데 성공했습니다.

노릇노릇한 색으로 알아보는 외계 행성

외계 행성을 찾기 위한 두 번째 방법은 중력을 이용하는 거예요. 1장의 내용을 다시 떠올려 볼까요? 중력이 서로 당기는 힘이라는 것을 기억할 거예요. 지구가 우리를 끌어당기듯이, 우리도 지구를 끌어당기고 있지요.

그런데 우리가 지구를 끌어당기는 것처럼, 지구도 태양을 끌어당깁니다. 보통 우리는 태양계를 생각할 때 그 중심에 고정되어 있는 태양과 태양 주위를 도는 행성들만을 떠올리는데, 실제로는 그렇지 않습니다. 태양계 전체를 멀리서 보면, 태양도 **질량 중심**barycenter이라는 가상의 점 주위를 공전하고 있습니다.

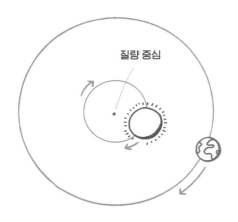

별과 행성은 질량 중심이라는 점을 중심으로 공전합니다.

별은 이 질량 중심 주위로 아주 작은 공전 운동을 합니다. 별도 이렇게 요동하며 지구를 향해 다가오고 멀어지기를 반복하지요. 별이 이런 움직임을 보이면 그 주위를 도는 외계 행성이 있다는 뜻이기도 합니다. 그리고 이 공전 운동의 크기와 속도를 분석하면, 그 외계 행성의 특성도 알아낼 수 있지요.

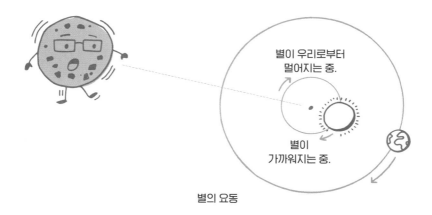

별이 우리로부터
멀어지는 중.

별이
가까워지는 중.

별의 요동

　물론 별이 우리에게 다가오거나 멀어지는 움직임을 직접 관측하기는 어렵습니다. 그 움직임이 너무 작기 때문이지요. 하지만 우리는 다른 특성의 변화를 통해 이를 측정할 수 있습니다. 바로 색의 변화입니다.

　달리는 기차 근처에 있었던 적이 있다면, 또는 자동차 경주를 구경한 적이 있다면, 빠르게 지나가는 물체에서 나는 특이한 소리를 기억할 것입니다. 물체가 다가올 때는 소리가 점점 커지면서 음이 높아지다가, 물체가 막 지나간 뒤에는 소리가 점점 작아지면서 음도 낮아졌을 거예요. 특히 기차가 지나가면서 기적을 울리면, 이러한 변화를 생생하게 경험할 수 있지요.

　과학자들은 이런 현상에 '**도플러 효과**Doppler effect'라는 이름을 붙였습니다. 빛과 마찬가지로 소리도 파동인데, 기차가 다가올 때는 파동의 마루와 마루 사이의 간격이 줄어들면서 음이 높아지는 것이지요. 다시 말해, 파장이 짧아지면서 음이 높아지는 것입니다. 반대로 기차가 멀어질 때는 파장이 길어지면서 음이 낮아집니다.

같은 현상이 빛에서도 일어납니다. 빛나는 물체가 우리에게서 멀어질 때는 진동수가 낮아지면서 스펙트럼이 빨간색 쪽으로 이동하지요. 반대로 빛나는 물체가 다가올 때는 진동수가 높아지면서 파란색 쪽으로 이동합니다.

이런 원리로 별빛이 파란색이나 빨간색으로 얼마나 이동하는지를 보면, 별이 지구로부터 얼마나 빠르게 가까워지거나 멀어지는지를 알 수 있지요. 하지만 여기에는 한 가지 문제가 있습니다. 바로 움직이지 않는 별의 원래 진동수를 알아야 한다는 것입니다. 그래야 그것을 기준으로 얼마나 빠르게 이동하는지 가늠할 수 있을 테니까요. 이것을 알아낼 방법이 있을까요?

사실 우리는 답을 이미 알고 있습니다. 태양이 어떤 원소들로 구성되어 있는지를 알기 위해 우리는 먼저 태양의 스펙트럼에 나타나는 선들을 보고, 그런 선들이 우리 주변의 어떤 원소들에게서 나타나는지를 비교했습니다.

예를 들어, 과학자들은 이미 수소가 만드는 선들의 정확한 위치를 알고 있습니다. 별에서 관측되는 선들이 정확히 예상한 위치에 있다면, 그 별은 우리가 볼 때 정지해 있다는 뜻입니다. 선들이 예상보다 빨간색 쪽으로 치우쳐 있다면 별이 우리로부터 멀어지고 있다는 뜻이고, 파란색 쪽으로 치우쳐 있다면 우리를 향해 다가오고 있다는 뜻이지요.

이런 현상을 각각 '**적색 이동**redshift', '**청색 이동**blueshift'이라고 합니다. 적색 이동이 클수록 더 빠른 속도로 멀어지고 있다는 뜻이지요.

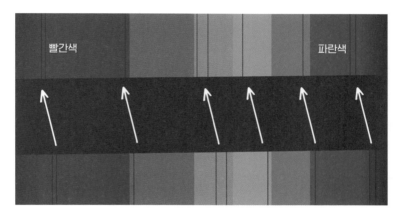

별의 스펙트럼에서 수소선이 빨간색 쪽으로 더 이동했기에,
저 별은 우리에게서 멀어지고 있습니다.

앞에서 말했듯이, 항성 요동 현상을 보이는 별은 지구를 향해 다가오고 멀어지기를 반복합니다. 그래서 이런 별의 스펙트럼을 관찰하면, 별이 지구를 향해 다가올 때는 수소선이 파란색 쪽으로 이동합니다. 멀어질 때는 빨간색 쪽으로 이동하고요.

우리가 배운 방법들로, 우리는 태양계 밖에서 5,000개가 넘는 외

　　　　　　　　　　　　노릇노릇한 색으로 알아보는 외계 행성

계 행성들을 발견했습니다. 아직 탐사를 시작한 지 얼마 되지 않았지만, 탐지 기술은 끊임없이 발전하고 있습니다. 2022년부터 가동된 **제임스 웹 우주 망원경**James Webb Space Telescope으로는 큰 행성들을 직접 관측할 수도 있습니다.

현재 추정으로는, 우리은하에만 수천억 개의 행성이 있습니다.

이렇게 많은 외계 행성을 발견했지만, 이 외계 행성을 이루고 있는 물질은 어떻게 알 수 있을까요? 화성처럼 암석으로 이루어진 행성일까요, 목성처럼 가스 행성일까요? 아니면 지구처럼 물이 있는 행성일까요?

행성에 물이 있는지를 알려면, 먼저 그 행성 주변에 있는 별의 온도를 알아야 합니다. 행성이 그 별에서 얼마나 떨어져 있는지도 알아야 하지요. 별과 너무 가까우면 행성의 온도도 높아서 물이 모두 증발해 버릴 것입니다. 너무 멀면 모두 얼어버릴 테고요. 물이 액체 상태로 존재할 수 있는 영역을 '골디락스 영역' 또는 **'생명체 거주 가능 영역**habitable zone'이라고 하는데, 우리은하의 경우에는 이 영역에 50억 개에서 100억 개에 달하는 행성이 있을 것으로 추정됩니다.

어떤 행성이 지구와 비슷하려면 대기가 필요하고, 가능하다면 그 성분도 비슷해야 합니다. 대기의 성분은 어떻게 알아낼 수 있을까요?

눈치를 챘겠지만, 여기서도 스펙트럼 분석이 도움을 줍니다. 많은 행성은 그것이 별 앞을 지날 때 별빛이 살짝 어두워지는 현상을 통해 발견되는데, 이때 별빛의 일부는 행성의 대기를 통과해 지구에 도달합니다. 그래서 별의 고유 스펙트럼과 행성 대기를 통과한 빛의 스펙트럼을 비교하면, 행성의 대기 성분을 파악할 수 있지요. 새로운 선이 나타났는지, 기존의 선이 더 진해졌는지를 보는 것이지요.

예상하다시피, 이것은 매우 정밀한 측정을 요구하는 작업입니다. 지구 크기의 행성은 별에 비하면 아주 작은데, 대기는 그 작은 행성의 표면에 불과하기 때문이지요. 이런 분석에 필요한 정밀도는 실로 놀라울 정도입니다.

외계 행성의 첫 스펙트럼은 2001년에 측정되었는데, 아주아주 멀리 떨어진 그 외계 행성의 대기에서는 소듐이 발견되었습니다. 그 후로 매우 특이한 것부터 지구의 대기와 비슷한 것까지, 다양한 구성 성분을 지닌 대기들이 차례차례 발견되었지요.

우리가 오븐을 들여다보며 쿠키가 노릇해졌는지 확인해 보는 것처럼, 과학자들은 오늘도 몇 광년이나 떨어진 행성들의 색을 관찰하고 있을 거예요.

노릇노릇한 색으로 알아보는 외계 행성

CHAPTER 16

초콜릿 칩으로
알아보는 빅뱅

THE BIG BANG EXPLAINED WITH
CHOCOLATE CHIPS

기다리고 기다리던 끝에, 드디어 초콜릿 칩을 다룰 차례입니다. 쿠키 이름에 들어간 유일한 재료인 만큼, 초콜릿이 엄청나게 중요하다는 것은 다들 짐작하고 있을 거예요. 실제로도 그렇습니다. 초콜릿 칩은 우주의 시작과 끝을 이해하는 실마리가 되어줍니다!

방금 평평한 원반 모양의 쿠키 반죽을 베이킹 시트 위에 놓았습니다. 이제 한번 상상해 보세요. 여러분의 몸이 초콜릿 칩의 초콜릿보다도 더 작게 줄어들어 초콜릿 칩 위에 올라가 있는 거예요.

이제 쿠키가 구워지면서, 쿠키 반죽이 모든 방향으로 늘어납니다. 원반 모양의 두꺼운 반죽이 베이킹 시트를 가득 채우는 얇은 쿠키로 변합니다. 이때 어느 초콜릿 칩 위에서 다른 초콜릿 칩들을 바라보면 어떻게 보일까요? 모든 초콜릿 칩이 여러분으로부터 멀어져 가는 것처럼 보일 거예요. 심지어 더 멀리 있는 초콜릿 칩은 더 빠르게 멀어지지요.

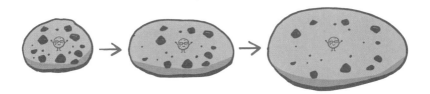

1920년대, 천문학자들은 우주에서도 비슷한 패턴이 나타난다는 것을 발견했습니다. 모든 은하가 우리로부터 멀어지는 것처럼 보였지요. 게다가 멀리 있는 은하는 더 빠른 속도로 멀어졌습니다.

이것은 무엇을 의미할까요? 모든 것이 우리에게서 멀어진다면, 우리가 우주의 중심에 있다는 뜻일까요?

이 문제를 깊이 들여다보기 전에, 두 가지 궁금한 점이 떠오릅니다. 은하는 아주, 아주, 아주 멀리 있습니다. 그러면 그토록 멀리 떨어져 있는 은하까지의 거리는 어떻게 측정할까요? 그리고 은하가 얼마나 빠르게 움직이는지는 어떻게 알 수 있을까요?

천체까지의 거리를 측정하는 가장 간단한 방법은 **시차**parallax 현상을 이용하는 것입니다. 먼저 한 지점에서 천체까지의 각도를 측정합니다. 그런 다음 일정 거리만큼 옆으로 이동해 각도를 다시 측정합니다. 그러면 간단한 계산만으로 천체까지의 거리를 알아낼 수 있지요.

초콜릿 칩으로 알아보는 빅뱅

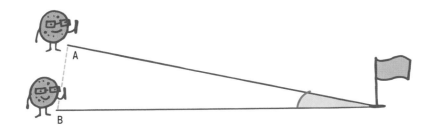

천체가 멀리 있을수록 정확한 측정을 위해서는 옆으로 더 먼 거리를 이동해야 합니다. 지구에 있는 (우주에서 우리가 알고 있는 유일한) 천문학자들이 이동할 수 있는 가장 먼 거리는 지구의 공전 궤도 한쪽 끝에서 다른 한쪽까지의 거리입니다.

1월에 별까지의 각도를 한 번 측정하고 7월에 다시 그 별까지의 각도를 측정하면, 약 2억 9,000만 km의 직선거리를 얻을 수 있습니다. 이 직선거리를 '기준선baseline'이라고 하지요. 이 거리로는 약 1,000광년 떨어진 거리까지 꽤나 정확하게 측정할 수 있습니다. 하지만 천체가 그보다 더 멀리 있다면 각도 변화가 너무 작아서 제대로 측정하기가 어렵지요.

광년light-year은 빛이 1년 동안 이동하는 거리로, 아주 긴 거리입니다. 빛이 매우 빠르기 때문이지요. 1광년은 9조 5,000억 km에 달합니다. 하지만 은하의 규모에서는 광년은 아주 작은 길이일 뿐입니다.

우리은하는 지름이 10만 광년이고, 다른 은하들은 이보다 훨씬 더 멀리 떨어져 있습니다. 그래서 시차를 이용한 거리 측정 방법은 우리 주변의 별들을 측정할 때만 유용하지요.

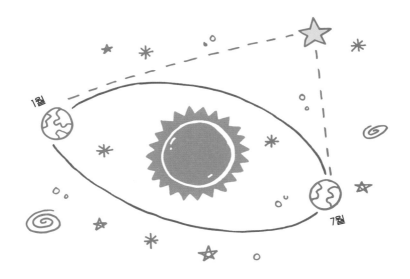

더 먼 거리를 측정하는 방법은 없을까요?

한 가지 방법은 물체의 밝기를 측정하는 것입니다. 휴대폰 화면을 30cm 떨어진 거리에서 보다가 방 건너편에서 보면 화면의 밝기가 달라 보이는데, 바로 이 원리를 사용하는 거예요. 밝기를 측정하면 거리를 계산할 수 있지요.

하지만 이 원리를 적절히 사용하기 위해서는 별이 원래 얼마나 밝은지를 알아야 합니다. 별들의 밝기는 천차만별인데요. 색으로 어느 정도 추측할 수는 있지만, 거리를 정확하게 측정할 만큼 색으로 밝기를 정확히 알 수는 없습니다.

그래서 우리에게 필요한 것이 있는데, 바로 우리가 그 밝기를 정확히 알고 있는 표준 항성입니다.

1900년대 초, 헨리에타 레빗Henrietta Leavitt은 하버드대학교 천문대

초콜릿 칩으로 알아보는 빅뱅

의 '컴퓨터'였습니다. 당시에는 '컴퓨터'가 수학 계산을 전문으로 하는 계산원을 일컫는 말이었지요.

1912년, 레빗은 소마젤란은하Small Magellanic Cloud라는 왜소 은하에 있는 변광성variable star을 분석하고 있었습니다. 변광성은 며칠에서 몇 달까지 밝기가 주기적으로 변하는 별인데, 레빗은 이런 변광성들을 관찰하다 놀라운 사실을 발견했습니다. 변광 주기가 밝기와 직접적인 관계가 있다는 것이었지요. 별이 맥동pulse을 빠르게 할수록 어두웠고, 가장 느리게 맥동하는 별이 가장 밝았습니다. 무엇보다도 변광 주기와 밝기의 관계가 선형적이라는 점을 발견했지요. 다시 말해, 주기만 알면 밝기도 알 수 있다는 뜻이었습니다.

이런 특별한 별들을 '세페이드 변광성Cepheid variable star'이라고 하는

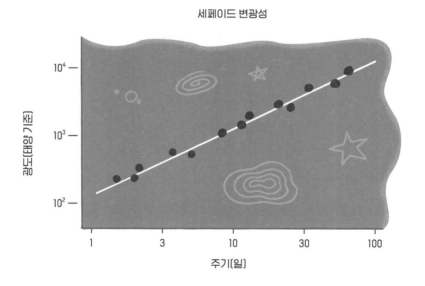

세페이드 변광성

데, 이는 천문학자들이 찾던 완벽한 측정 도구였습니다. 거리를 측정하는 표준 광원standard candle의 역할을 했기 때문이지요. 천문학자들은 은하를 관찰할 때 이 세페이드 변광성을 찾습니다. 세페이드 변광성은 흔하게 발견되는데, 일단 찾고 나면 변광 주기로 원래의 밝기를 알 수 있습니다.

천문학자들은 다양한 은하까지의 거리를 측정하는 과정에서 다른 측정 방법들도 개발했습니다. 이런 측정 방법들로 천체까지의 거리를 상당히 정확하게 측정할 수 있게 되었지요.

우주가 팽창하면서 은하들이 빠르게 서로에게서 멀어지고 있다면, 아주 오래전에는 어땠을까요? 컴퓨터 시뮬레이션으로 시간을 거꾸로 돌려보면, 약 138억 년 전에는 우주가 아주 작은 한 점에 모여 있었다는 사실을 알 수 있습니다. 우리은하는 약 130억 년 전에 만들어졌고, 지구는 약 45억 년 전에 형성되었습니다. 그리고 지구에는 약 38억 년 전에 생명이 나타나기 시작했지요.

우주가 극도로 작은 한 점에 압축된 그 시작점을 '**빅뱅**Big Bang'이라고 합니다. 처음에는 우주의 시작을 설명하려는 과정에서 빅뱅 이론과 경쟁하는 여러 다른 이론들도 나타났지만, 1950년대와 1960년대의 관측 결과들은 빅뱅이 가장 설득력 있는 설명이라는 것을 보여주었습니다.

빅뱅 이론을 뒷받침하는 강력한 증거로는 두 가지가 있습니다.

첫 번째는 더 멀리 있는 은하를 관측할수록 더 오래된 과거를 보게 된다는 점입니다.

초콜릿 칩으로 알아보는 빅뱅

태양의 빛이 지구에 도달하는 데는 8분이 걸립니다. 우리는 8분 전의 태양을 보고 있는 셈이지요. 가장 가까운 별인 알파 센타우리는 4광년 떨어져 있어서, 우리는 보는 알파 센타우리는 그 별의 4년 전 모습입니다. 안드로메다은하Andromeda Galaxy는 250만 광년 떨어져 있어서, 지금 우리가 보는 안드로메다의 빛은 최초의 인류가 지구를 활보하기 시작했을 때 그 별에서 출발한 것입니다.

지금까지 관측한 가장 먼 은하는 130억 광년보다 조금 더 먼 거리에 있습니다. 이 말은 우리가 보는 그 은하의 빛이 태양이 생기기도 전에 출발했다는 뜻이지요.

빅뱅 이론에 따르면, 우주가 탄생하고 138억 년 동안 별들과 은하들이 태어나고 진화해 왔습니다. 실제로 우리는 이런 모습들을 관측할 수 있지요. 가장 먼 은하들 중에서는, 초기 우주에서 형성된 매우 강력한 천체인 **퀘이사**quasar도 볼 수 있습니다. 이론은 퀘이사가 오래도록 존재하지 않는다고 예측하는데, 실제로도 우리와 가까운 은하들(가까운 과거의 우주)에서는 퀘이사를 찾아볼 수 없습니다. 그 시기에는 퀘이사는 모두 사라져 버린 것이지요.

두 번째 증거는 오븐으로 설명할 수 있습니다. 오븐을 260℃까지 데우고 나서 전원을 끄고 온도를 관찰해 봅시다. 오븐이 점차 식어 가겠지요. 하지만 오븐의 특성을 잘 알고 있다면, 시간에 따라 온도가 변하는 정도도 정확히 예측할 수 있을 거예요.

빅뱅 초기에는 우주의 모든 에너지가 극도로 작은 점에 모여 있어서 온도가 상상할 수 없을 정도로 높았습니다. 시간이 흐르면서 우주의 온도가 점차 낮아진 것이지요.

오븐은 내부 에너지가 외부와 평형을 이루면서 온도가 내려갑니다. 하지만 우주에는 '외부'가 없습니다. 우주의 온도는 공간이 팽창하면서 낮아집니다. 같은 양의 에너지가 더 넓은 공간으로 퍼지면서 평균 에너지가 낮아지는 것이지요.

이런 우주의 배경음, 즉 빅뱅의 잔해로 남아 있는 에너지는 실제로 존재할까요? 사실 그에 대한 증거는 우연히 발견되었습니다. 1950년대에 첫 번째 전파망원경이 개발되었을 때 일정한 세기의 전파 신호가 계속 감지되었습니다. 처음에 연구자들은 장비의 결함이나 케이블 자체에서 발생하는 노이즈라고 생각했습니다. 하지만 몇 달의 연구 끝에 이것이 실제 신호라는 것을 깨달았지요. 우주의 나이를 바탕으로 계산해 보면 빅뱅의 잔해로 남은 에너지가 전파망원경으로 관측할 수 있는 마이크로파 영역에 있어야 하는데, 발견된 신호가 식어버린 빅뱅 복사의 예상 진동수와 일치했기 때문입니다.

이 **우주배경복사**cosmic background radiation의 가장 놀라운 특징은 그 균일성입니다. 천문학자들이 하늘의 어느 방향을 관측하더라도 우주배경복사가 있었고, 전체 우주에 걸쳐 거의 동일했지요. 우주배경복사에도 약간의 온도 차이는 있지만, 1만분의 1 정도의 아주 미세한 차이입니다.

하지만 이런 작은 차이가 우리 우주에서는 매우 중요한 의미를 갖습니다. 우주 초기의 에너지가 완벽하게 균일하지는 않았다는 것을 보여주기 때문이지요. 이런 차이들, 말하자면 일종의 주름들이 최초

원자들의 밀도에 차이를 만들었고, 이로 인해 중력이 아주 조금 더 강한 영역들이 생겨났습니다. 이런 영역에는 물질들이 모여 더 큰 덩어리로 뭉쳤고, 더 강한 중력을 만들어 냈으며, 마침내 별과 은하를 형성했습니다. 우리가 탄생한 것도 바로 이런 작은 차이들 덕분인 셈이지요.

다시 말해, 우주에서 보이는 모든 것은 이 작은 차이에서 시작되었습니다.

1990년대, 천문학자들은 우주배경복사 탐사선COBE을 발사해 우주배경복사의 상세한 지도를 만들었습니다. 이렇게 얻은 그림은 초기 우주의 지문과도 같았지요.

1950년대에 빅뱅 이론이 제안된 뒤로, 천문학자들은 줄곧 우주의 종말에 대해서도 의문을 품었습니다. 은하들은 서로에게서 영원히 멀어질까요, 아니면 어느 순간 팽창이 멈추고 거꾸로 모든 것이 다시 모이는 '빅 크런치'가 일어날까요?

우리는 1장에서 뉴턴의 법칙을 살펴보았습니다. 뉴턴이 발견한 핵심 원리 가운데 하나는 물체에 힘이 작용하지 않으면 같은 속도를 유지한다는 것이었지요. 이런 관점에서 보면, 은하는 매우 단순한 운동을 합니다. 은하에 실질적으로 작용하는 힘이 중력뿐이기 때문이지요. 우주 규모에서 영향력 있는 힘은 중력뿐입니다.

모든 은하는 서로를 끌어당깁니다. 따라서 중력은 은하들이 멀어지는 방향과 정반대로 작용하므로, 팽창 속력은 점점 느려져야 합니다. 팽창이 완전히 멈출 때까지 느려질지는 알 수 없었지만, 우리가 가지고 있는 모든 지식은 팽창이 반드시 감속되어야 한다고 말하고 있었지요.

하지만 지난 20년간의 관측 결과는 다른 사실을 보여주었습니다.

초콜릿 칩으로 알아보는 빅뱅

우주의 팽창은 느려지기는커녕 가속되고 있었습니다! 이 결과는 정말이지 이해하기 어려운 현상이었지요. 은하들을 서로 밀어내거나 공간을 점점 더 빠르게 늘어나게 하는 어떤 새로운 힘이나 에너지가 존재해야만 한다는 뜻이었기 때문입니다.

오늘날 과학자들은 이 에너지를 '**암흑 에너지**dark energy'라고 부릅니다. 아직 그 정체나 기원을 알 수 없지만, 관측 결과를 보면 우주 전체의 3분의 2 이상을 차지하는 것으로 보입니다.

1장에서 소개한 암흑 물질을 기억하나요? 중력을 만드는 이 물질의 정체도 아직 알지 못합니다. 그동안 제시된 유력한 이론들도 대부분 잘못된 것으로 드러났지요. 암흑 물질은 우주의 약 4분의 1을 차지합니다.

정리해 보면 이렇습니다.

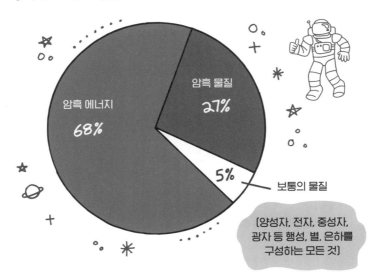

암흑 에너지 68%

암흑 물질 27%

5% 보통의 물질

[양성자, 전자, 중성자, 광자 등 행성, 별, 은하를 구성하는 모든 것]

암흑 물질이 우주의 27%를 차지한다고 했는데, 1장에서는 질량의 85%를 차지한다고 말한 것이 이상해 보일지 모르겠습니다. 이는 암흑 에너지를 우주의 질량을 계산할 때 포함시키지 않기 때문입니다.

우리는 아직 암흑 에너지와 암흑 물질의 정체가 무엇인지 모릅니다. 우주를 구성하는 것의 95%를 전혀 이해하지 못하고 있는 셈이지요.

물론 몇 가지 가설이 있습니다. 첫째는 암흑 에너지 자체가 공간의 고유한 특성일지도 모른다는 것입니다. 양자역학에 따르면 진공은 완전히 비어 있을 수 없습니다. 입자들이 끊임없이 생성되고 소멸되기 때문이지요. 이런 생성과 소멸이 공간을 예상보다 크게 팽창시키는 압력을 만들지도 모르는 일이지요. 하지만 이를 가정해 계산해 보면, 실제 관측값과 세 자릿수나 차이 납니다.

둘째로, 암흑 에너지는 아직 발견하지 못한 새로운 물질이나 에너지장일 수 있습니다. 이를 지지하는 과학자들은 이를 '제5원소quinte-ssence'라고 부릅니다. 물, 불, 흙, 공기에 더해 다섯 번째 원소를 뜻하던 중세 시대의 말이지요. 하지만 아직은 이름만 있을 뿐입니다.

셋째로, 아인슈타인의 일반 상대성이론의 중력 방정식이 틀렸을 수 있습니다. 그러면 암흑 에너지나 암흑 물질이 실제로는 존재하지 않을 수도 있습니다. 두 개념은 관측 결과를 기존의 중력 이론에 맞게 도입한 것이니까요.

1800년대의 과학자들은 빛이 에테르라는 매질을 통해 전달된다고 믿었습니다. 당시 알려진 모든 파동이 매질을 필요로 했기 때문이었지요. 하지만 이후 빛이 진공에서도 진행할 수 있다는 것이 밝

초콜릿 칩으로 알아보는 빅뱅

혀졌습니다. 빛의 전기장과 자기장이 서로를 유지하기 때문입니다. 이처럼 중력 이론이 바뀌면 암흑 에너지와 암흑 물질 개념이 필요 없어질 수도 있습니다.

물리학의 가장 성공적인 두 이론인 중력과 양자역학은 서로 모순 됩니다. 중력 이론은 큰 규모에서는 완벽하게 작동합니다. 관측으로 시험할 때마다 항상 옳다는 것이 증명되었지요.

반면 양자역학은 작은 입자들의 움직임을 놀랍도록 정확하게 설 명합니다. 이론과 실험 결과가 엄청나게 많은 소수점 자리까지 일치 하지요. 하지만 중력 이론은 이런 미시 세계에서는 작동하지 않고 양자역학과도 들어맞지 않습니다.

그렇기에 분명 우리가 아직 찾지 못한 무언가가 있을 것입니다. 마치 베이킹 시트 위에서 초콜릿 칩 쿠키가 점점 더 빠르게 퍼져나 가는데 그 이유를 모르는 것이나 다름없으니까요. 이 수수께끼의 답 을 찾는 그날이 기대되지 않나요?

에필로그

밀가루와 설탕은 중력과 은하의 구조의 이해할 수 있도록 도와주었고, 소금과 베이킹소다는 우리를 매우 작은 입자와 양자 세계로 안내했습니다. 바닐라와 쿠키 틀, 건포도 오트밀 쿠키를 살펴보는 과정은 카오스 이론과 복잡성, 그리고 예측 가능성의 한계에 대한 근본적인 진실을 보여주었습니다. 반죽을 섞고 굽는 과정은 열역학과 엔트로피로 이어졌는데, 이것이 모든 것의 기반으로 자리 잡을지도 모르겠네요.

황설탕과 계량 스푼의 이야기를 통해 우리는 정확한 측정 방법을 알아보았습니다. 매번 발생하는 오차를 이해하고 적절하게 다루는 방법을 이해하게 되었지요. 색은 상상하기조차 어려운 거리를 측정하는 방법을 보여주었습니다. 마지막으로 달걀, 버터, 쿠키 장식을 통해서는 자기 복제 패턴이 어떻게 움직이고, 섞이며, 나뉘고, 진화해 이 모든 것을 이해할 수 있는 능력으로까지 이어졌는지를 배웠습니다.

책을 시작하면서 여러분에게 이야기한 것처럼, 과학은 단순히 답을 찾거나 이미 정해진 사실을 배우는 것이 아닙니다. 우리가 앞에서 보았듯이, 과학과 기술의 엄청난 성과에도 불구하고 우리에게는 그 답을 찾아야 하는 아주 중요한 질문들이 남아 있지요. 그래서 이 책에서 말하는 '우주'는 조금 과한 표현인지도 모릅니다. 진짜 우주에는 여전히 설명하지 못하는 것들이 많이 담겨 있으니까요.

하지만 이 책으로 이런 주제들을 더 파고들어 보고 싶다는 호기심, 그리고 자신감을 얻기를 바랍니다. '아하!' 하는 깨달음의 순간만큼 짜릿한 것은 없으니까요.

자, 이제 쿠키를 먹을 시간입니다. 우리에게는 그럴 만한 자격이 있으니까요.

감사의 말

가장 먼저 우리 딸의 5학년 담임인 대니얼 폰더 선생님에게 감사드립니다. 처음 쿠키를 이용해 과학 개념을 설명하는 아이디어를 냈을 때, 선생님은 흔쾌히 교실 문을 열어주었습니다. (서투르게) 발표도 하고, (실패하기는 했지만) 실험도 하고, (다행히도 맛있게 먹은) 쿠키를 모두에게 나누어 줄 수 있게 해주었습니다. 부끄러워하지 않고 잘 견뎌준 딸에게도 고마운 마음입니다.

오드 도트의 가족이 되어 이 책이 세상 밖으로 나오도록 힘써준 대니얼 나이어리에게도 감사드립니다. 편집자 줄리아 수이는 책을 만드는 모든 과정에서 정말 소중한 조언을 해주었습니다. 줄리아의 도움이 없었다면 이 책이 나올 수 없었을 거예요.

마이클 코파지의 삽화는 즐겁고 매력적이었으며, 그와 함께 일한 것은 큰 즐거움이었습니다.

시험 독자로 참여해 준 에이미 램, 수전 엥겔스타인, 보니 비엘(고마워요, 엄마), 아이작 메드포드, 폴 리긴스에게도 감사드립니다. 여러분의 모든 의견이 큰 도움이 되었습니다.

　마지막으로, 이 책을 쓰고 삶에 커다란 영감을 불러일으킨 두 작가, 더글러스 호프스태터Douglas Hofstadter와 제이컵 브로노프스키Jacob Bronowski에게 감사합니다. 그분들의 창의적인 아이디어가 없었다면 지금의 저도 없었을 것입니다.

추천 도서

이 책에서 다룬 주제를 더 깊이 알고 싶다면,
다음의 책들을 강력 추천합니다.

CHAPTER 1 밀가루로 알아보는 암흑 물질
- 『암흑 물질과 암흑 에너지: 우주의 숨겨진 95퍼센트Dark Matter and Dark Energy: The Hidden 95% of the Universe』, 브라이언 클레그.

CHAPTER 2 설탕으로 알아보는 핵융합
- 『병 속의 태양: 핵융합의 기묘한 역사와 소망적 사고의 과학Sun in a Bottle: The Strange History of Fusion and the Science of Wishful Thinking』, 찰스 세이프.

CHAPTER 3 소금과 베이킹소다로 알아보는 원자 구조
- 『사라진 스푼: 주기율표에 얽힌 광기와 사랑, 그리고 세계사』, 샘 킨, 해나무, 2011.

CHAPTER 4 쿠키 파티로 알아보는 쿼크
- 『일반인을 위한 파인만의 QED 강의』, 리처드 파인만, 승산, 2001.

CHAPTER 5   우유와 쿠키로 알아보는 양자역학

- 『두 개의 문을 지나서: 양자역학의 수수께끼를 드러낸 아름다운 실험Through Two Doors at Once: The Elegant Experiment That Captures the Enigma of Our Quantum Reality』, 아닐 아난타스와미.

CHAPTER 6   버터와 베이킹 대회로 알아보는 진화

- 『판다의 엄지: 자연의 역사 속에 감춰진 진화의 비밀』, 스티븐 제이 굴드, 사이언스북스, 2016.
- 『진화란 무엇인가: 에른스트 마이어가 들려주는 진화론의 핵심 원리』, 에른스트 마이어, 사이언스북스, 2008.

CHAPTER 7   달걀로 알아보는 유전공학

- 『생명 설계도, 게놈: 23장에 담긴 인간의 자서전』, 매트 리들리, 반니, 2016.
- 『코드 브레이커: 제니퍼 다우드나, 유전자 혁명 그리고 인류의 미래』, 월터 아이작슨, 웅진지식하우스, 2022.

CHAPTER 8   쿠키 장식으로 알아보는 배아 발달

- 『이보디보, 생명의 블랙박스를 열다』, 션 B. 캐럴, 지호, 2007.

CHAPTER 9   황설탕 3/4컵으로 알아보는 불확실성

- 『벌거벗은 통계학: 복잡한 세상을 꿰뚫는 강력한 생각의 도구』, 찰스 윌런, 책읽는수요일, 2013.
- 『스토리가 있는 통계학: 통계를 실제로 이해하는 데 도움이 되는 34가지 통계 이야기』, 앤드루 비커스, 신한출판미디어, 2021.

CHAPTER 10   제빵과 아이스크림 샌드위치로 알아보는 열역학

- 『정도의 문제: 온도가 우리 종, 지구, 그리고 우주의 과거와 미래에 대해

말해주는 것들A Matter of Degrees: What Temperature Reveals About the Past and Future of Our Species, Planet, and Universe」, 지노 세그레.

CHAPTER 11 반죽으로 알아보는 엔트로피
• 『엔트로피: 신이 던진 주사위Entropy: God's Dice Game」, 오디드 카프리·하바 카프리.

CHAPTER 12 바닐라로 알아보는 카오스
• 『혼돈으로부터의 질서: 인간과 자연의 새로운 대화』, 일리야 프리고진·이사벨 스텐저스, 자유아카데미, 2011.
• 『시간은 흐르지 않는다: 우리의 직관 너머 물리학의 눈으로 본 우주의 시간』, 카를로 로벨리, 쌤앤파커스, 2019.

CHAPTER 13 쿠키 모양 틀로 알아보는 복잡성
• 『카오스에서 인공생명으로』, 미첼 월드롭, 범양사, 2006.

CHAPTER 14 건포도 오트밀 쿠키로 알아보는 프랙털
• 『괴델, 에셔, 바흐: 영원한 황금 노끈』, 더글러스 호프스태터, 까치, 2017.

CHAPTER 15 노릇노릇한 색으로 알아보는 외계 행성
• 『행성 공장: 외계 행성과 제2의 지구를 찾아서The Planet Factory: Exoplanets and the Search for a Second Earth」, 엘리자베스 태스커.

CHAPTER 16 초콜릿 칩으로 알아보는 빅뱅
• 『최초의 3분: 우주의 기원에 관한 현대적 견해』, 스티븐 와인버그, 양문, 2005.
• 『우주는 계속되지 않는다: 천체물리학자가 바라본 우주의 비밀』, 케이티 맥, 까치, 2021.

우주를 만드는 16가지 방법

초판 1쇄 찍은날	2025년 5월 2일
초판 1쇄 펴낸날	2025년 5월 16일
지은이	제프 엥겔스타인
옮긴이	항성
펴낸이	한성봉
편집	최창문·이종석·오시경·이동현·김선형
콘텐츠제작	안상준
디자인	최세정
마케팅	박신용·오주형·박민지·이예지
경영지원	국지연·송인경
펴낸곳	도서출판 동아시아
등록	1998년 3월 5일 제1998-000243호
주소	서울시 중구 필동로8길 73 [예장동 1-42] 동아시아빌딩
페이스북	www.facebook.com/dongasiabooks
전자우편	dongasiabook@naver.com
블로그	blog.naver.com/dongasiabook
인스타그램	www.instargram.com/dongasiabook
전화	02) 757-9724, 5
팩스	02) 757-9726
ISBN	978-89-6262-658-2 (03400)

※ 잘못된 책은 구입하신 서점에서 바꿔드립니다.

만든 사람들

책임편집	이종석
디자인	pado
크로스교열	안상준